제랄딘에게,
엘라드를 기리며

할아버지 랄라께 바칩니다.
할아버지가 지니셨던
자연과의 순수한 교감,
유머와 열광,
불의에 대한 증오,
타협을 싫어하던 그 마음을 기리며

릴리와 필리프 스태브에게 진심으로 감사드립니다.

두 사람의 관대함이 아니었더라면

이 책은 결코 빛을 보지 못했을 것입니다.

내가 자유롭게 프로젝트를 실현할 수 있도록 도와준

피에르 냉에게 감사드립니다.

기꺼이 기부해주신 모든 분들께 감사드립니다.

이분들의 도움으로 독자들에게

심해를 알릴 수 있게 되었습니다.

네 장의 컴퓨터그래픽 일러스트레이션은

데이비드 뱃슨이 담당했습니다.

클레르 누비앙
김옥진 옮김

심해

궁리
KungRee

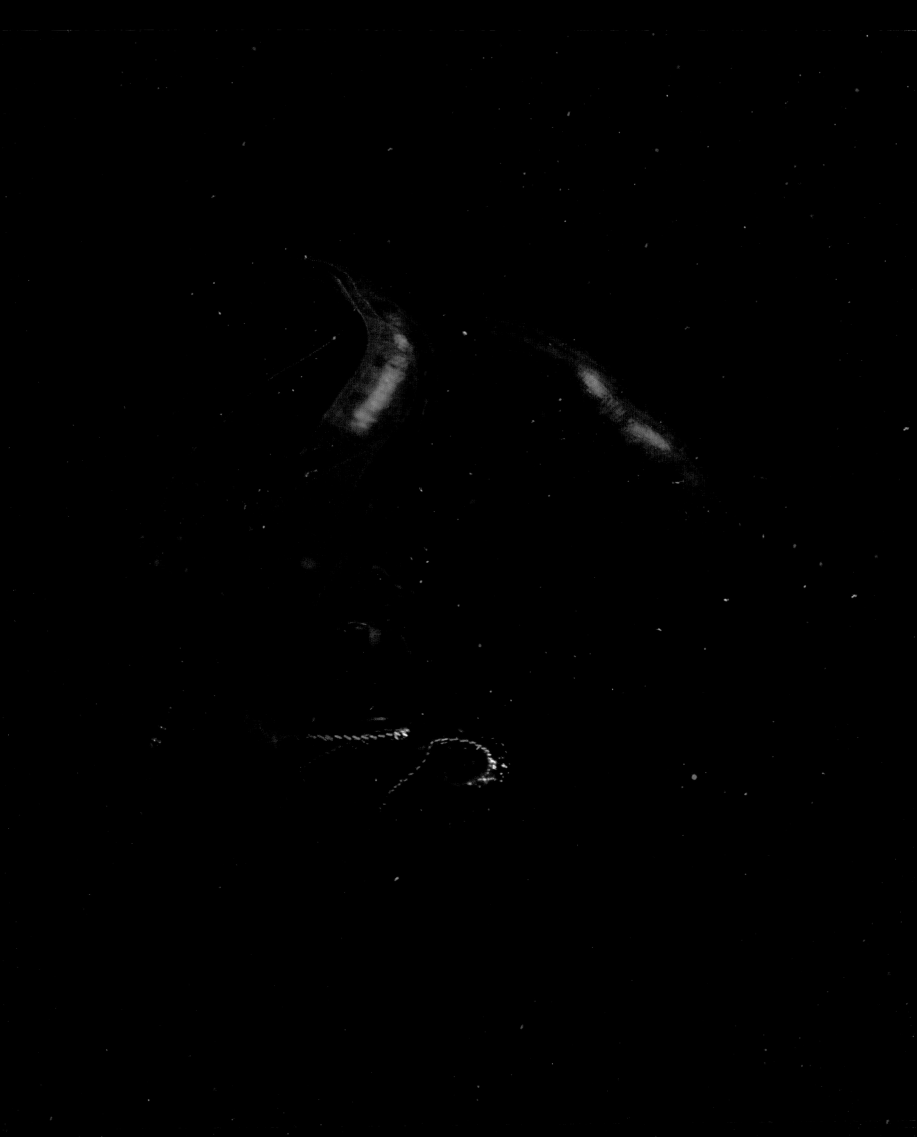

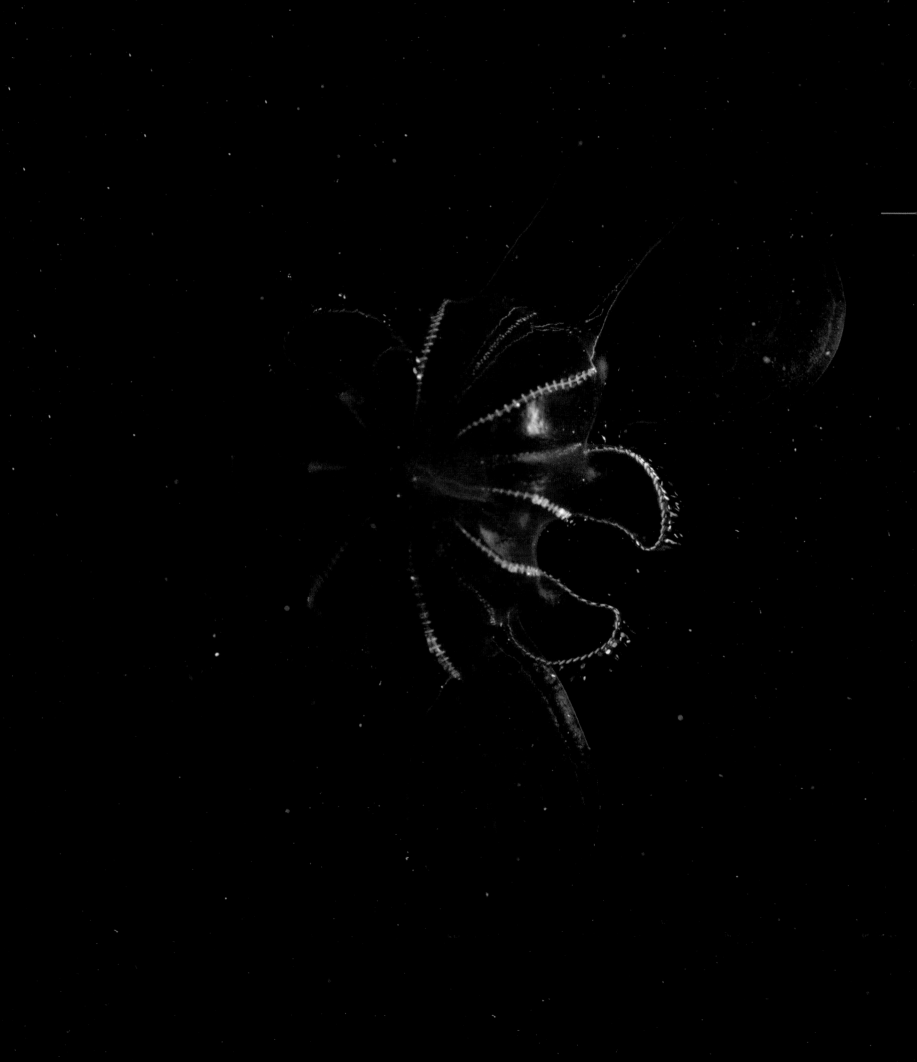

차례

심해저의 생명체

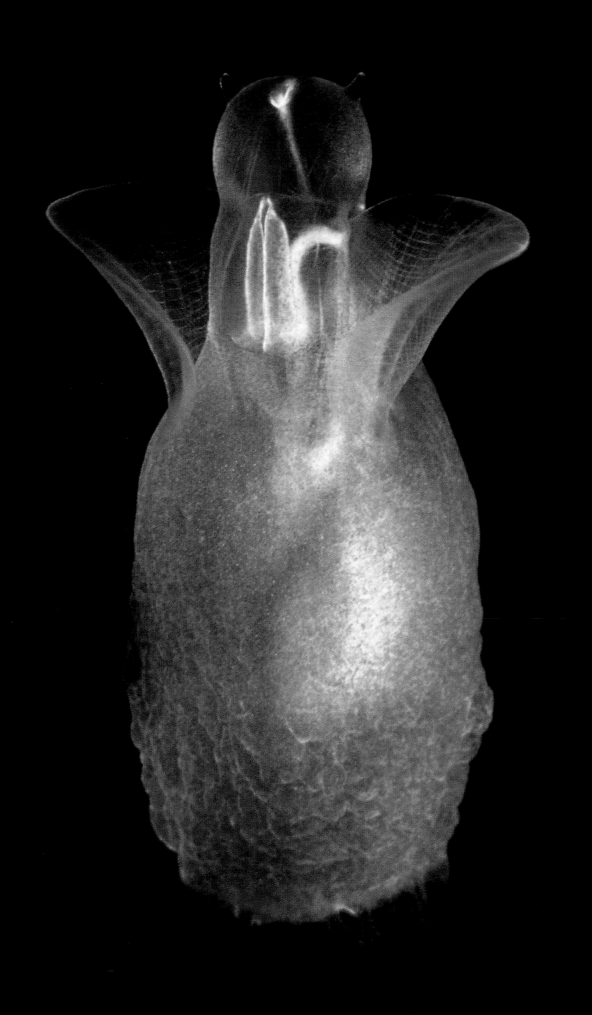

2001년 캘리포니아에 있는 몬터레이 만 수족관에서 깜짝 놀랄 만큼 아름다운 영상을 본 뒤 나는 심해 속으로 빠져들었다. 그 순간 전혀 예기치 않게 내 삶의 방향이 바뀌었다.

내가 본 영상은 몬터레이 만 해양연구소가 몬터레이 해곡의 심해에서 촬영한 동물들이었다. 그곳에서는 믿기 힘든 생명체들이 발견되고 있었다. 기이한 생김새나 당혹스러운 색깔을 지닌 종도 있었고, 푸른빛의 위협적인 섬광을 뿜어대는 종도 있었다. 또 어떤 것은 무지갯빛 섬광을 번

때는 표피를 머리 위로 들어올려 심해의 호박으로 변했다가, 밤을 보내기 위해 몸을 나팔꽃처럼 길게 꼬아서 위로 단정하게 접은 모습으로 갑자기 재등장했다. 그러다 결국은 자신만의 세계, 끝없는 어둠 속으로 조용히 사라졌다.

들어가는 말

놀라운 세계였다! 나는 그 영상을 연속으로 네 번이나 봤다. 최고의 특수효과팀이라도 들통 날 수밖에 없는 조작의 흔적을 찾아, 나는 의심의 눈초리로 화면을 샅샅이 훑었다. 머릿속 생각이 그 영상처럼 돌고 돌았다. "이럴 수는 없어…… 이 동물들은 진짜가 아니야…… 특수효과가 아주 멋진걸…… 완전히 듣도 보도 못한 거야. 이게 다 팀 버튼의 작품인 게지!" 그러나 내가 보고 있는 것이 컴퓨터 처리 영상이 아니라 모방할 수 없는 실제의 존재라는 것을 차차 눈으로 확인하면서 생각에 변화가 일기 시작했다. "어떻게 지구에 저런 경이로움이 있을 수 있을까? 사람들은 어째서 이런 사실을 알지 못하는 걸까? 왜 누구도 1분, 아니 단 1초 동안 걸음을 멈추고 서서 여기 아래, 바로 우리 행성 안에 이런 생물이 존재하고 있다고 외쳐대지 않는 것일까?" 나는 외계 생명이 최초로 발견되어 촬영에 성공했다는 소식을 들은 것과 같은 감동과 충격에 휩싸였다!

쩍이며 너무나 우아하게 굽이쳐 지나갔다.

머리나 꼬리가 없는 희한한 동물들은 육감적인 춤 속에서 리본이 물결치듯 몸을 꼬았다가 풀었다. 그중 하나가 특히 인상적이었다. 자유자재로 제 모습을 바꾸던 진홍색 문어는 우스꽝스럽게 생긴 두 개의 큰 '귀'를 자랑했는데, 그 모습이 무척 사랑스럽게 보였다. 문어는 마치 우주의 별들 사이를 떠다니는 것 같았다. 당당한 우아함과 과장되게 느린 동작으로 문어는 외투막을 풍선처럼 부풀리기도 하고 원반처럼 납작하게 만들기도 했다. 또 어떤

맞은편
Cliopsis krohni
바다천사류 Sea angel

크기 | 4cm
수심 | 1,500m, 드물게 해수면
순해 보이는 외모지만 사실 이 유영 달팽이에게는 천사 같은 점을 찾아볼 수가 없다. 이 동물은 작고 날카로운 이빨이 박힌 혀로 중층 수역에 사는 다른 달팽이들을 게걸스럽게 잡아먹는 포식자이다. 희한하게도 입이 머리 꼭대기에 달려 있다.

나는 감탄했고, 할 말을 잃었으며, 엄청나게 놀랐다.

미친 것처럼 보이겠지만 나는 첫눈에 사랑에 빠진 것이다. 사랑의 힘에 놀란 사춘기 아이처럼 내 삶은 갑자기 새로운 차원으로 들어섰다. 그것은 마치 장막이 걷히고, 예상하지 못한 더 넓고 더 유망한 새로운 세계가 드러난 것과 같았다. 파리로 돌아오는 비행기 안에서 나는 오로지한 가지만 생각했다. 바로 심해. 나는 영원한 어둠으로 덮인 거대한 물을 상상했고, 우리의 시선에서 멀리 떨어진그곳, 창의적인 자연이 만들어낸 초현실풍의 작품인 그곳에서 헤엄치는 환상적인 생물들을 떠올렸다.

하지만 얼마 안 가 나를 사로잡은 이미지들은 재빨리, 그리고 조용히 사라지기 시작했다. 이 주제를 다룬 기록물이 거의 없다는 사실을 깨달았을 때, 내게 남은 것은가슴 아픈 실망감뿐이었다. 영상 속 동물들은 훌륭했다. 그들은 살아 있는 생명체였지만, 살아 있는 이미지가 그러하듯 쏜살같이 지나가는 모습은 나의 호기심을 만족시키지 못했다.

우선 내게 필요한 것은 바다의 어둠 속에 숨어 사는 이놀라운 존재를 나만의 속도로, 내가 원하면 몇 시간이라도계속 볼 수 있게 해줄 책이었다. 나만의 내면으로의 여행을 시작하고, 액체로 된 하늘의 중심에서 고동치고 맥박이뛰는 바다 속 이방인들과 정신적 여행을 떠나기 위해서나는 약간의 거리와 자유가 필요했다. 나는 그들에 대한모든 것이 궁금했다. 얼마나 깊은 곳에서 살며, 어떻게 생식을 하고, 얼마나 크고 또 이름은 무엇인지 알고 싶었다.

나는 우리 대다수가 접할 수 없는 심해의 경계에서 포착된 가장 아름다운 이미지를 모아놓은 책, 그리고 모든 이들이 가까이 할 수 있는 책, 간단히 말해서 심해를 밝힐그런 책을 꿈꾸었다!

이 책을 너무나 간절히 원했고, 이 책이 충족시켜야 할의미에 대해 아주 분명한 생각을 가지고 있었던 나는 직접 그것을 실현해보기로 결심했다. 나는 전 세계의 연구진들, 현 해양학계의 주요 인물들을 방문했고, 이들은 잇따라 나의 프로젝트에 협조하겠다고 자발적으로 동의해주었다.

이 책은 나의 비전과 정확히 일치한다. 다시 말해 이 책은 미적·지적 감각 모두를 '충족'한다. 더불어 우리를 사로잡을 만한 힘을 가진 작품이며, 믿을 수 없을 정도로 아름답고, 너무나 연약하며, 우주에서 기적처럼 유일한—그렇지 않다는 것이 증명되기 전까지는—거대한 살아 있는사슬에 우리가 속해 있음을 깨닫게 해줄 작품이다.

2006. 5. 2. 파리에서

클레르 누비앙

Vampyroteuthis infernalis
흡혈오징어 Vampire squid

크기 | 30cm
수심 | 650～최소 1,500m

흡혈오징어라는 이름과 달리 실제로 무해한 동물이다. 바다의 암흑층에서 떠다니며살고, 때로는 이 사진에서처럼 전형적인우산 자세로 몸을 펼치고 지낸다. 엄청난깊이의 심해에 사는 다른 동물들처럼 근육조직은 상당히 축소되어 있지만, 놀랄 만큼 폭발적인 속도로 단거리를 이동할 수있다. 적에게서 달아날 때에는 다양한 생물발광 기관을 작동시켜 혼란을 준다.

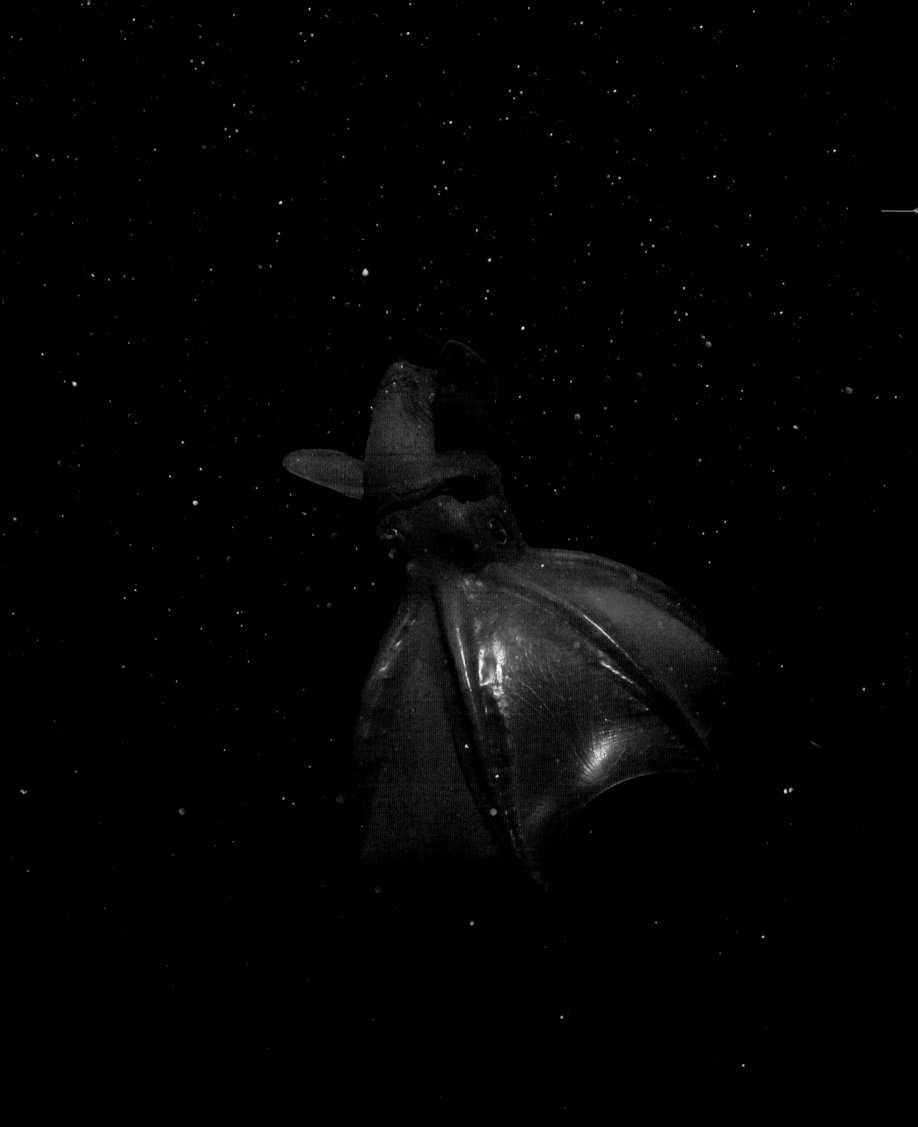

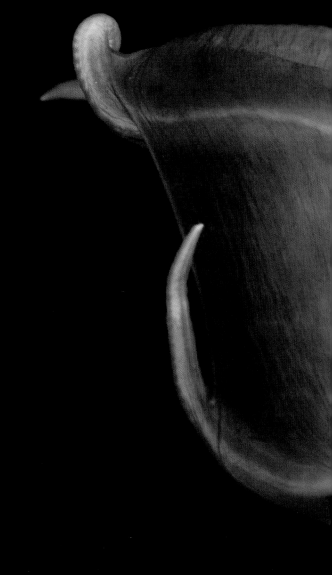

오른쪽

Stauroteuthis syrtensis

발광빨판문어 Glowing sucker octopus

크기 | 최대 50cm

수심 | 700~2,500m

심해의 극모문어류는 코끼리의 귀를 닮은 두 개의 지느러미 때문에 '덤보문어'라는 별명으로도 불린다. 지느러미를 펄럭이거나 리드미컬하게 외피를 수축시킴으로써 몸의 추진력을 얻어 물속을 이동한다. 지금까지 대서양에서만 관찰되었다.

뒷장 양면

Mertensia ovum

빗해파리류

크기 | 8cm

빗해파리, 즉 유즐동물은 먹이를 잡는 방법이 다른 해파리들과 다르다. 빗해파리는 독침을 사용하기보다는 촉수를 소형 갑각류, 유생, 기타 플랑크톤에 말 그대로 붙여버리는 끈끈한 세포를 사용한다. 두 개의 오렌지색 촉수가 늘어났다 줄어들었다 하면서 먹이를 입으로 전달한다.

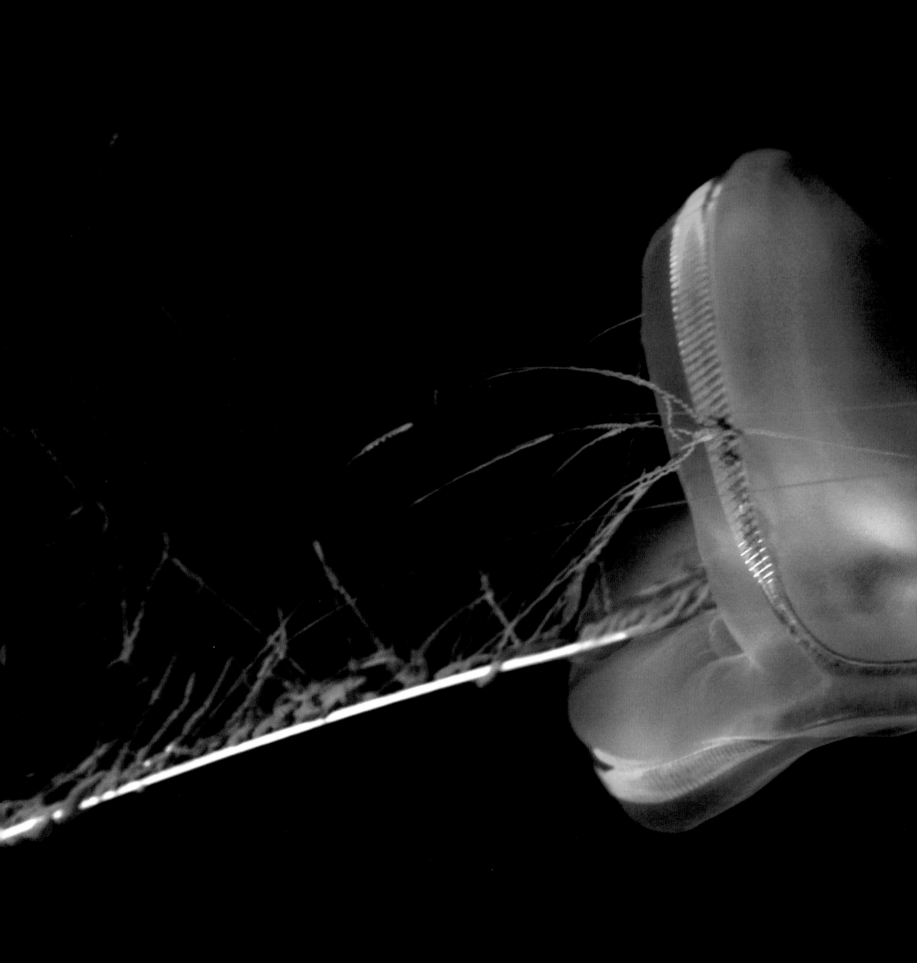

"전 행성 차원에서 보면, 새들은 기어 다닌다."

자크―이브 쿠스토

단단한 육지에서 생명체 대부분은 지표면에 의지한다. 가장 키가 큰 나무라고 해봐야 고도 100미터를 넘지 못한다. 그러나 바다에서는 살 수 있는 공간이 수직·수평 두 차원 모두에 걸쳐 있다. 바다는 평균 수심이 3,800미터로 지구에서 생명이 살 수 있는 공간의 99%를 차지한다. 생각만 해도 엄청나다.

시간이 시작된 이래 완전한 암흑 속에 잠겨 있는 심해는 이 공간의 85%를 차지한다. 심해는 이 행성에서 가장 큰 서식지인 것이다.

이런 심해에 대해 우리는 무엇을 알고 있을까?

앞으로 발견되어야 할 것까지 생각한다면, 우리가 지금 심해에 대해 알고 있는 것은 사실상 거의 없다고 할 수 있다. 중앙해령을 탐사하기 시작한 때가 1970년대

지구에서 가장 드넓은
생명의 영역

다. 광대한 심해 영역을 탐사하기 위해 중층 수역으로 잠수해 들어간 것은 1980년대의 일이다. 심해저에 대한 최초의 연구가 이뤄진 것도 비교적 최근의 일로서, 19세기에 대규모 해양 탐사 작업이 있었다. 현재 적정한 정도의 세부 사항까지 밝혀진 해양저는 전체의 약 5%에 불과하며, 대부분의 심해 평원과 기타 심해 서식지는 여전히 미지의 세계로 남아 있다. 또한 남대서양 혹은 태평양의 해산 주변에서 실시된 탐사에서는 그물망에서 나오는 표본의 50~90%가 미확인 표본들이다. 지난 25년간 심해에서 평균적으로 2주에 한 종꼴로 새로운 종이 보고되었다. 아직 발견되지 않은 종의 수는 현재 1000만~3000만 종으로 파악되고 있다. 이에 비해 오늘날 지구에서 살고 있다고 알려진 종의 수는 육해공을 다 포함하여 약 140만 종으로 추정된다. 심해는 명백히 지구에서 가장 큰 생명의 보고이다.

온갖 것들의 분류 작업에 열심이었던 쥘 베른의 동시대인들은 지구에 대한 탐사를 거의 다 끝냈다고 믿었고, 그들이 발견한 것을 몇 권짜리 백과사전에 모두 담아 설명할 수 있으리라 생각했다. 그러나 심해 세계에 대한 연구가 이런 생각을 완전히 바꾸어놓았다. 최초의 지구 일주 항해, 19세기의 챌린저 호 탐사 하나만 하더라도 4년간의 항해 결과를 기록한 책이 무려 50권에 달했다. 이 탐사는 그 후 이이진 모든 탐사대의 출발점이 되었다. 오늘날까지도 모든 탐사대는 심해에서 놀라운 보물을 가져오고 있으며, 지식의 경계선을 조금씩 더 멀리 넓히고

맞은편

Galiteuthis phyllura
야자앵무오징어 Cockatoo squid

크기 | 최대 270cm
수심 | 300~1,400m

몸에서 투명하지 않은 부위가 유일하게 눈뿐인 이 오징어는 발광기관인 발광포를 이용해서 불투명한 눈을 보이지 않게 위장한다. 몸을 회전해서 발광포의 빛은 항상 아래쪽을 향해 발산하게 한다. 이렇게 표층에서 내리비치는 빛과 발광포의 빛이 구분이 되지 않도록 함으로써, 자신보다 아래쪽에 있는 포식자들로부터 몸의 형체를 숨길 수 있다. 쉬고 있을 때에는 다리와 촉완을 일종의 술장식처럼 머리 위에 놓는데, 그 모습이 야자앵무와 비슷하다. 어린 표본은 그 길이가 약 15센티미터이지만, 성체의 길이는 거의 3미터에 달하기도 한다.

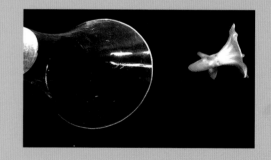

위

Cirroteuthis muelleri
큰귀문어류 Dumbo octopus

크기 | 30cm
수심 | 700~4,854m

중층 수역에 사는 연약한 생명체를 채집하는 데 요긴한 것으로 나팔 모양의 흡입채집기만 한 것이 없다. 심해의 진공청소기처럼, 연구자들은 이 채집기로 동물들을 수집하여 거의 완벽한 상태로 수면으로 가져와 매우 수월하게 분류 작업을 한다.

"대부분의 사람들은 우주 공간을 최후의 개척지로 생각한다.
그러나 우리는 아직도 끝내지 못한 엄청나게 많은 일들이 바로 여기,
지구 위에 남아 있다는 사실을 기억해야 한다." 로버트 D. 밸러드

맞은편

Scrippsia pacifica
대왕종해파리 Giant bell jelly

크기 | 키 10cm
수심 | 0~400m

연구자들이 심해 잠수정으로 물속을 탐험할 수 있게 되기 전까지는, 젤라틴질 유기체들이 심해 생태계를 장악하고 있으리라고는 생각하지 못했다. 그 전에도 대왕종해파리가 자신의 심해 왕국에서 길을 잃고 가끔 수면에 떠오르긴 했지만, 자연미는 무참히 망가진 상태로 등장하곤 했다.

위

생물발광은 최소한의 에너지만으로 '차가운' 빛을 만들어내는 화학 반응에 기초하고 있다. 심해 생물은 매우 다양한 목적을 위해 자신만의 빛을 사용한다. 심해의 은빛 앨퉁이인 아르기로펠레쿠스 올페르시(*Argyropelecus olfersi*, 왼쪽에서 첫 번째 사진)와 앨퉁이류의 일종인 키클로토네(*Cyclothone*, 왼쪽에서 두 번째)는 천적에게 노출되지 않도록 몸을 감추기 위해 빛을 발산한다. 반면 샛비늘치류로 디아푸스속에 속하는 어류(*Diaphus* sp., 맨 오른쪽)는 먹이를 찾기 위해서 빛을 뿜는다. 공통적으로 이러한 빛은 스스로를 보호하는 기능이 있다.

있다.

의심할 것도 없이 우리는 여전히 탐사의 시대, 그것도 고금을 막론하고 가장 위대한 탐사의 시대에 살고 있다. 콜럼버스나 리빙스턴이 행했던 모험과 오늘날의 모험 사이의 차이는 장비에 있다. 카라벨 선과 계산자가 잠수정과 원격조종 로봇으로 대체되었다. 20세기 최고의 놀라운 발견이, 우리가 예상했던 우주가 아니라 바다의 심장부에서 우리를 기다리고 있었다는 사실이야말로 우리 시대 최대의 경이로움이다.

개관의 부족

새로운 탐사 시도가 과거 그 어느 때보다도 빠른 속도로 늘어나고 있다. 전 세계의 연구자들이 발견하고, 기술하고, 출판하고, 서로 협조하면서 엄청난 양의 자료를 만들어내고 있다. 어지러울 정도의 속도로 과학이 기록되고 있다. 지진 해일처럼 몰려오는 정보의 홍수 속에서 관심 있는 일반 대중, 심지어 과학자들은 과연 어떻게 분명하고 종합적인 시각을 이끌어낼 수 있을까?

해저 협곡이나 해구와 같은 심해 생태계를 인터넷에서 검색해보면 오늘날까지 심해에서 건져낸 지식이 얼마나 적은지를 알게 된다. 아주 자세하지만 파편적인 일부 자료를 구할 수 있기는 하지만, 비전문가들은 이런 정보를 논리적으로 일관성 있는 전체로 통합해내는 것은 고사하고, 그 자료에서 어떤 의미를 찾아내지는 못한다. 심해 열수분출공과 같은 어떤 서식지는 발견된 이래 언론 매체가 훌륭하게 보도한 덕에 이에 관한 웹사이트가 많이 있다. 그러나 바다의 암흑층에서 발견되는 다른 생물 서식

공간의 경우는 그렇지 않다. 이제 우리는 심해 대탐사에 개인적으로 참가한 연구진과 과학자들에게 이 거대한 수수께끼 조각을 맞춰달라고 요구해야 하는 것은 아닐까. 그들의 글은 우리로 하여금 심해 서식지—표영대(漂泳帶) 서식지이건 저서대(底棲帶) 서식지이건—의 다양성을 음미할 수 있게 해주며, 산호초가 극지방의 빙관과 다르고, 코스타리카의 우림이 애리조나 사막과 다른 것만큼이나 서로 다른 풍광과 생태계가 우리 행성의 대다수를 차지하는 드넓은 공간을 장식하고 있음을 일깨워줄 것이다.

알기도 전에 파괴된다

심해는 한때 생명력 없는 거대한 빈 공간으로 여겨졌지만 실제는 그것과 거리가 멀다. 연구자들만이 심해에 접근할 수 있는 것이 아닌 지금 이 중요한 시기에 우리는 심해에 수많은 자원—높이 평가되는 양질의 살을 가진 풍부한 어류, 광상, 다이아몬드, 탄화수소, 의학이나 산업적으로 연구 전망이 있는 생물종 등—이 있다는 사실을 잘 알고 있다.

폭발적인 인구증가로 표층의 천연 자원에 불균형적인 압력이 가해짐에 따라 심해는 엄청난 전 지구적 이해관계가 얽혀 여러 나라와 거대한 경제 기구의 관심을 끌고 있다. 심해 자원의 개발은 더 이상 이론상의 가능성이 아니라, 이미 돌이킬 수 없는 피해를 초래한 현실이 되어버렸다. 가장 확실한 희생물은 상업적 가치가 뛰어난 어류의 안식처이기도 한 수심 200~2,000미터 사이에 있는 냉수성 산호초이다. 수면 근처의 어류 개체수의 극심한 감소로 인해, 어부들은 과거에는 얕은 바다에서 잡았던

어류들(다랑어나 황새치 같은 종들은 지난 50년간 어획량이 90%나 줄어들었다.)을 수확하기 위해 산업 저인망 어선으로 기저층을 점점 더 깊이 훑어내고 있다. 심해 저인망 작업이 모든 어획 방법 중 가장 파괴적이라는 데에는 이의가 없다. 거대하고 묵직한 망이 해저를 휩쓸고 지나가는 저인망 작업은 바다 속 풍광에 황폐한 후폭풍만을 남긴다. 어부들이 악의적인 의도를 가지고 산호초를 파괴하는 것은 분명 아니다. 그러나 이런 어획 기술의 결과, 4,000년에서 1만 년이나 된 (그리고 제대로 기록되지도 않은) 광대한 심해 산호의 공간이 조사되고 알려진 것보다 훨씬 더 급격하게 사라지고 있다. 시작된 지 겨우 20년도 되지 않은 심해 저인망 작업으로 노르웨이 앞바다의 산호초는 이미 그 절반이 사라졌다. 이런 관행은 분명히 지속가능하지 않지만 공해(公海)는 지구에서 가장 보호되지 않고 있는 구역이기 때문에 착취 행위가 조만간 멈춰질 것 같지는 않다. 유엔은 모든 이들에게 공해를 항해하고, 그 위를 비행하고, 케이블을 설치하고, 고기를 잡고, 과학 연구를 수행할 수 있는 자유를 허용했다. 그런데 이 같은

훨씬 더 많은 시간과 관심을 필요로 한다.

만약 열대 산호초가 심해 생물처럼 착취되고 있다면, 대중은 항의를 통해 정부에 그런 활동을 중단하도록 압력을 가했을 것이다. 그러나 심해의 경우는 소수의 전문가들만이 그 끔찍한 과정을 제대로 이해하고 있다. 그렇기에 사람들이 해저에 존재하는 특별한 자연 유산에 대해 깨달아야만 비로소 여론이 형성될 수 있을 것이다. 우리의 첫 번째 임무는 저 아래 세계에 대해 알고, 우리 행성의 놀라운 생물다양성에 자극받는 일이다. 태양의 빛을 받아 모든 이들이 볼 수 있는 푸른 행성의 뚜렷한 아름다움뿐만 아니라, 어둡고 빛이 통과할 수 없는 엄청난 양의 물 아래 숨겨진 검은 행성의 아름다움까지 말이다.

자해

잠수정을 타고 심해로 들어가 지구의 물속 길에 살고 있는 희한하고 기묘한 생명체들을 직접 보며 감탄하는 어

맞은편
Gonatus onyx
검은눈오징어 Black-eyed squid
크기 | 약 35cm
수심 | 0~2,500m

검은눈오징어 암컷은 오징어 중에서 예외적인 존재이다. 해저에 새끼를 버리는 다른 오징어들과는 달리 심해로 가서 알을 놓고 6~10개월간 알주머니에 알을 넣고 다닌다. 암컷의 촉완 사이에 늘어진 2,000~3,000개의 알은 부피가 크고 다루기 힘든 짐이 되기도 하여 암컷은 느리게 움직일 수밖에 없다. 이 때문에 포식자들에게는 만만한 공격 대상이다.

아래
위 | 완벽한 상태의 심해 산호초
아래 | 저인망 어선이 지나간 뒤 남은 잔해

"6500만 년 전 거대한 소행성과 지구가 충돌한 이후, 호모 사피엔스는 한순간에 세계 종의 절반을 쓸어버리고 말 가장 엄청난 파국의 행위자가 될 태세이다." 리처드 리키

자유가 취약한 자원을 무책임하게 착취하는 결과를 낳고 있다. 이곳 자원은 육상의 자원보다 훨씬 느리게 복구된다. 심해를 착취하는 기술이 제한적이었을 때에는 이 같은 자유가 즉각적인 위험을 야기하지는 않았다. 그러나 오늘날에는 이것이 무엇을 뜻하는지 이해해야만 한다. 법의 허점이 자연파괴를 허용, 아니 장려하고 있다. 우리 행성의 상당 부분이 소수의 인간들에 의해 파괴되고 있는데, 이런 일은 더 많은 대중이 알아채기도 전에 벌어진다. 어떻게 이런 일이 가능한 것일까?

새로운 생태계를 알고, 이해하고, 어떻게 보호할 것인가를 배우는 일은 생태계를 착취하고 파괴하는 일보다

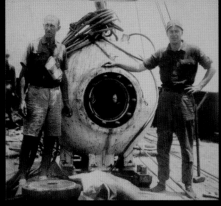

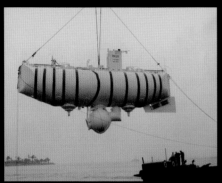

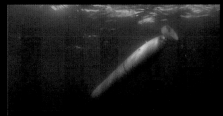

일찍이 1934년 심해의 개척자 윌리엄 비비(맨 위 사진 왼쪽)와 오티스 바턴(맨 위 사진 오른쪽)은 잠수구(bathysphere)라는, 위험천만한 케이블에 매달린 작고 둥근 철기구(맨 위 사진)를 타고 수심 900미터까지 내려가 바다의 암흑을 조사했다. 1960년 스위스 출신의 오귀스트 피카르 교수가 고안한 트리에스테(Trieste, 위에서 두 번째 사진)—거대한 연료탱크가 위에 달린 조그마한 항압력 기구—라는 잠수구는 마리아나 해구의 10,916미터까지 내려가 역사상 가장 깊은 곳까지 잠수한 기록을 세웠다. 이 잠수구는 일종의 심해 엘리베이터였다. 위아래로는 움직일 수 있었지만 옆으로는 갈 수 없었다. 그럼에도 불구하고 피카르의 엔진은 심해로의 자유 항해의 문을 열었고 좀 더 복잡한 잠수정 개발에 영감을 불어넣어. 이 기술로부터 미국의 앨빈(Alvin, 맞은편 사진)이나 프랑스의 아르키메데(Archimède) 등이 만들어졌다. 이들 잠수정은 9,000미터 이상의 심해까지 80여 차례 잠수했다. 해저 6,000미터까지 도달할 수 있는 능력 덕에

탐사 도구

프랑스의 잠수정 노틸(Nautile, 위에서 세 번째 사진)은 전 세계 바다의 97%에까지 접근할 수 있다.

존슨시링크(Johnson Sea Link, 위에서 네 번째 사진)는 대형 플렉시 유리로 되어 있어서 관찰자에게 빼어난 전경과 편히 앉을 수 있는 공간을 제공하여 잠수정 중에서도 돋보이는 존재이다. 잠수정들은 보통 좁고, 전력공급의 제한으로 매우 추운 공간이며, 위생시설 역시 없다.

이러한 여러 요인 때문에 인간의 잠수 시간은 크게 제한받았으며, 연구자들은 모선에서 조종하는 로봇을 선호하게 되었다. 이러한 원격조종 무인탐사기(remotely operated vehicle[ROV])는 수면으로부터 전원을 공급해주는 케이블 덕분에 며칠씩 잠수할 수 있다. 이런 기기에는 심해에서 표본을 채집하는 기계팔은 물론, 실시간으로 영상을 보내주는 카메라가 장착되어 있다. 일본 해양연구개발기구(JAMSTEC)의 가이코(Kaiko, 위에서 다섯 번째 사진)는 세계에서 가장 깊은 곳까지 잠수한 ROV였다. 가이코는 수심 1만 미터가 넘는 곳까지 잠수했지만 2003년 바다에서 분실되었다.

몬터레이 만 해양연구소가 보유한 것과 같은 자율형 수중로봇(autonomous underwater vehicle[AUV], 맨 아래 사진)처럼, 가장 최근에 개발된 탐사기기들은 더 이상 케이블의 구속을 받지 않고 자유롭게 해저를 종횡무진할 수 있다. 이들은 ROV처럼 다양한 기능을 가지고 있지는 않지만 바다와 기저층에 관해 다양한 종류의 분석을 하도록 프로그램되어 있기 때문에 화학과 물리학과 같은 분야에 적용하기 쉽다.

맞은편
컴퓨터그래픽 이미지

미국의 잠수정 스타 앨빈 호가 대서양의 '잃어버린 도시'라고 알려진 곳에 있는 거대한 굴뚝 모양의 열수공을 탐험하고 있다. 이 커다란 석순에는 열수분출공 생물들이 살고 있지는 않다. 높이 60미터의 이 석순은 지금까지 발견된 열수 구조물 중 가장 높다. 지질학자 제프 카슨은 "이 열수분출공 지대가 육지에 있었다면 아마도 국립공원이 되었을 것"이라고 전했다.

"진화의 관점에서 보면 인간은 성공작이다.
그러나 이 모든 진화에서 가장 큰 성공은
인간을 그 기원, 다름 아닌 인간의 피가 여전히 향수를 느끼는 깊은 바다로
이끄는 특별한 순환 바로 그것이 아닐까?" 자크 피카르

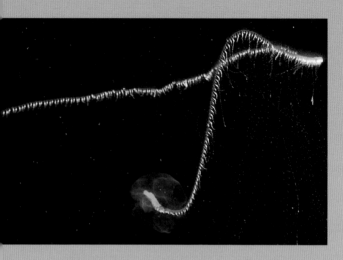

심해

마어마한 특권을 얻게 된다면? 오감을 놀라게 하고, 마음을 자극하며, 마음속의 여린 곳과 유아적이고 동물적인 곳이 되살아나는 심오하고도 원시적인 감정을 경험하지 않을 수 없다. 암흑의 저 세상에서 시간을 보낼 기회를 누렸던 사람들은 모두 우리를 물속의 고향으로 다시 데려다놓는 이 충격을 어떤 식으로든 표현했다. 이런 이야기의 진정성을 믿지 못하는 이들도 있겠지만, 일단 수면 아래 수백 미터로 들어가 길들여지지 않은 야생의 생명체와 대면하면 정말 원시적인 감정에 사로잡히게 된다. 그렇다, 우리는 적대적이고 건조한 환경에서 증발을 막기 위해 싸우는 작은 수분 주머니들일뿐이다. 그렇다, 바다는 지구의 모든 생명체를 먹여 살리는 우리의 요람이자 호수이다. 심해 잠수는 이런 사실을 우리의 지식보다 더 깊은 수준에서 이해할 수 있게 해준다. 이것은 모든 인류에게 주어져야 할 경험, 즉 생명의 사슬과 밀접한 관계를 다시 새롭게 곱씹게 해줄 성년의 세례식이다. 그 건강한 존재를 위험에 처하게 하는 것은 우리의 정체성과 미래와의 접촉을 잃어버리는 모험을 하는 것과 같다. 그것은 우리 자신에게 스스로의 과거를 속이는 일이며, 미래의 우리 자신에게 상처를 입히는 일이다.

돌이킬 수 없는 파괴의 절벽으로부터 발길을 돌리고, 명백하게 잘못된 태만과 어리석음의 유산으로부터 인류를 보호할 시간은 아직 남아 있다. ●

해수면 아래 엄청난 양의 물이 어떤 식으로든 '체계화'될 수 있다는 것을 상상하기란 힘든 일이다. 그러나 물의 세계는 꽤 정확한 법칙을 따르고 있다. 그 유형은 오랫동안 신비에 싸여 있었는데, 부분적으로는 초창기 잠수정들이 심해저 위를 맴돌 때 최대한 에너지를 절약하기 위해 불을 끈 채 물기둥을 통과했기 때문이었다. 잠수정에 탄 과학자들은 이처럼 오랜 시간 어둠 속을 지나갈 때를 이용해 선잠을 잤다. 1980년대에 드디어 중층 수역으로의 잠수가 이루어졌다. 과학자들은 100만 종이나 되는 신종

을 대표할 유기체들을 발견했다. 그러고도 모든 심해 잠수는 그 누구도 이전에 보지 못한 생물을 만날 수 있는 가능성을 여전히 열어놓는다.

오늘날 연구자들이 이 광활한 액체 공간의 심장에 생명력을 불어넣는 다양한 현상에 대해 아는 것이 많기는 하지만, 바다는 절대로 자신의 비밀을 다 드러내지 않는다. 여기서 이야기할 몇 가지는 이 행성에서 가장 광활한 영역을 새롭게 이해하는 데 매우 중요한 바탕이 되어줄 것이다.

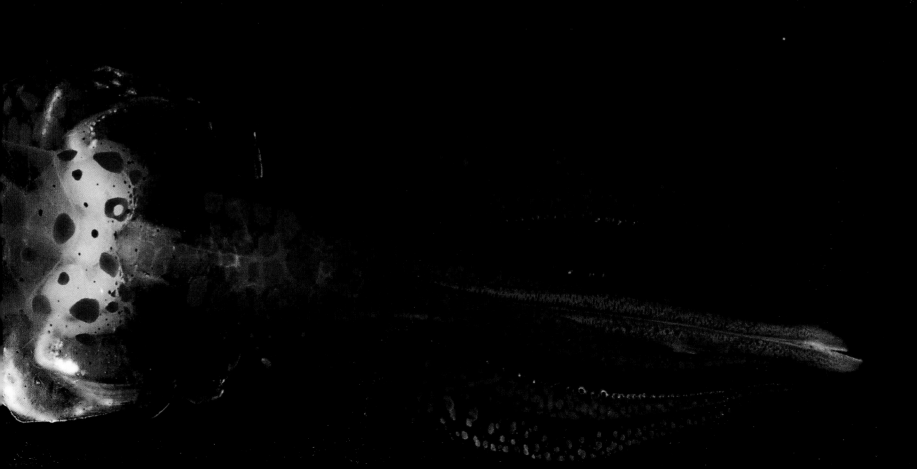

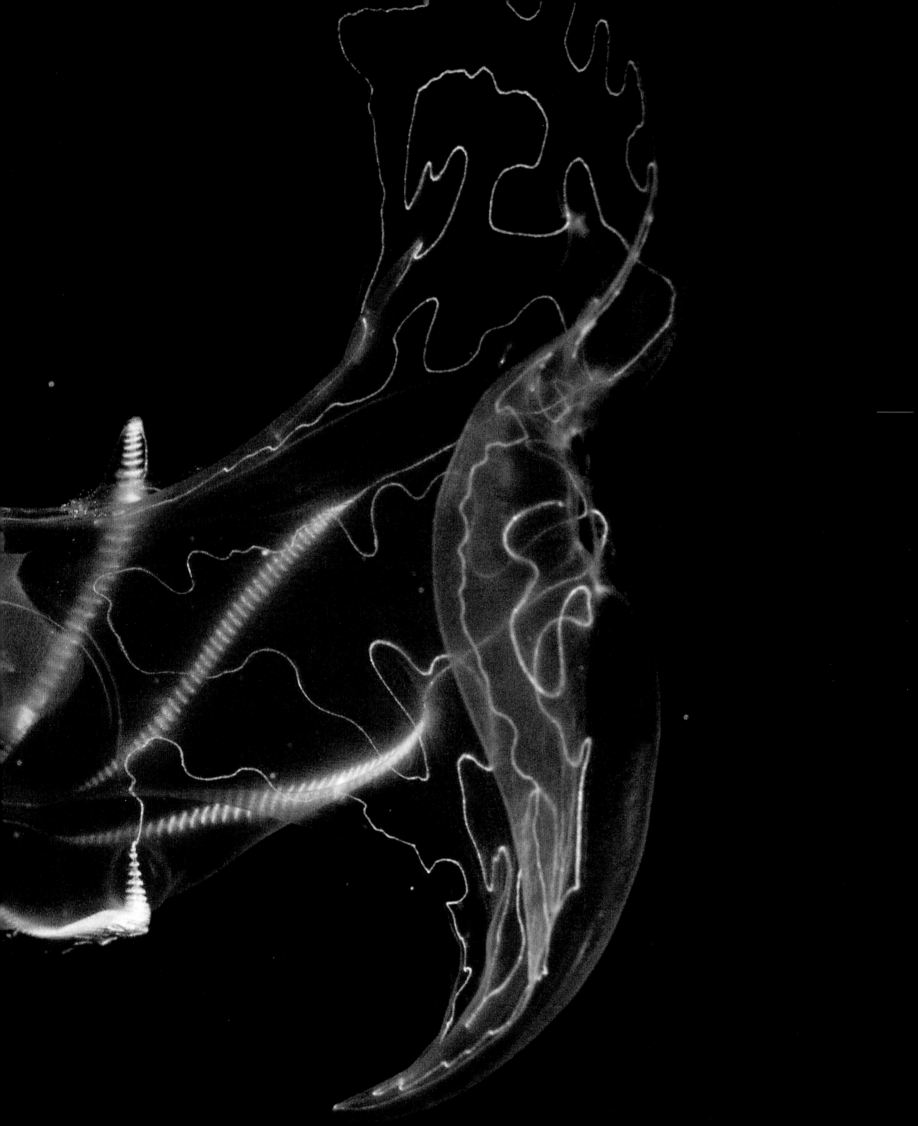

28〜29쪽

Vitreledonella richardi
유리문어 Glass octopus

크기 | 45cm
수심 | 200〜2,000m

대부분의 문어들은 해저에 살지만 유리문
어 같은 일부는 일생을 중층 수역에서 보
낸다. 이빨이나 독, 껍질이 없어서 물속에
숨어 있는 포식동물들의 완벽한 먹이가 된
다. 이런 점은 이들로 하여금 눈에 띄지 않
는 방법을 모색하게 만들었다. 유리문어는
거의 완벽한 투명 상태를 택했으며, 불투
명한 소화샘만이 이들의 존재를 무심코 드
러낼 뿐이다. 이 원통형의 소화샘은 그 윤
곽을 최소화하기 위해 항상 수직 상태로
서 있다.

30〜31쪽
미확인 종
Planctoteuthis sp.

크기 | 약 20cm(꼬리 포함)
수심 | 약 1,000〜4,000m

플랑크토테우티스속(*Planctoteuthis*)에는
연약하고 신비로운 오징어 다섯 종이 알려
져 있다. 몸체는 색소포로 덮여 있는데, 눈
을 깜박이면 그 색이 옅어지면서 주변 환
경과 섞인다.

앞장 양면
미확인 종
Llyria sp.

크기 | 15cm
수심 | 500〜3,000m

수심이 깊은 곳에서 사는 많은 동물들과
마찬가지로 이 생물의 구조와 생활사, 서
식지, 생식, 심지어 수명까지도 여전히 수
수께끼로 남아 있다.

오른쪽
Helicocranchia pfefferi
아기돼지오징어 Piglet squid

크기 | 최대 15cm
수심 | 400〜1,000m

이 작은 오징어는 돼지코처럼 생긴 특징적
인 주둥이—분사 반동 추진력을 얻을 수
있도록 사이펀의 역할을 하는—로 쉽게
분간할 수 있다. 어린 아기돼지오징어는
수면 가까이에서 살다가, 커가면서 깊은
바다로 내려가는데, 이런 과정은 '개체발생
회유'라고 알려져 있다.

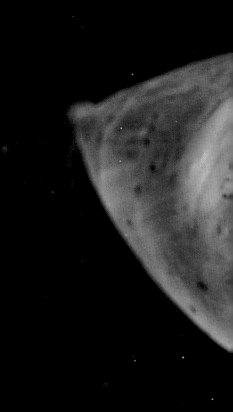

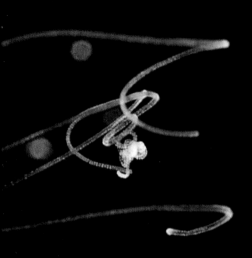

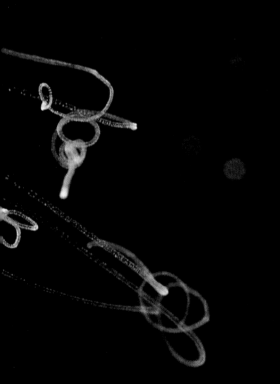

왼쪽

Aglantha sp.

종해파리속

크기 | 2cm

수심 | 320m

해파리와 기타 플랑크톤 무척추생물은 연구자들의 저인망에 닿자마자 허물어지기 때문에 이런 연약한 동물들에 관한 연구는 매우 최근에야 이루어지기 시작했다. 거대한 심해는 발견을 기다리는 수많은 종들의 은신처이다.

심해 탐험

신디 리 반 도버 Cindy Lee Van Dover 박사

미국 윌리엄&메리 대학교

맞은편

Chauliodus macouni

태평양큰니고기 Pacific viperfish

크기 | 25cm

수심 | 250~4,390m

심해의 먹이 상태가 충분한 편은 아니어서 각 종들은 나름의 극단적인 특화를 꾀하게 되었다. 하지만 이런 특화가 항상 득이 되는 것은 아니다. 큰니고기는 먹이에게 달아날 여지를 주지 않도록 길고 뾰족한 이빨을 발달시켰는데, 이런 이빨이 너무 돌출되어 입 안에 들어가지도 않을 정도이다. 큰니고기는 이빨을 입 밖에 내놓은 채 돌아다녀야 하는데, 위험하리만치 눈과 가까이 있다. 먹이 크기를 잘못 계산하여 너무 큰 동물을 찌를 경우에는 먹이를 내뱉지도 삼키지도 못하는 난처한 상황에 처한다. 결국 최후의 만찬과 함께 죽음을 맞이하고 만다.

서기 1세기 로마의 박물학자이자 역사가였던 플리니우스는 바다에 대해 이미 다 알고 있다고 믿었다. 그는 해양 동물상에 대한 최종적인 목록, 총 176종이 완성되었으며 "헤라클레스에 의하면 바다에는…… 우리가 알지 못하는 것이 존재하지 않는다."라고 자부했다. 그와 동시대의 뱃사람들은 우리의 푸른 행성 표면이 상당 부분 바닷물로 덮여 있다는 것은 알았지만, 수면 아래에 엄청난 부피의 물이 있다거나 그곳에 수많은 다양한 생물들이 있는지에 대해서는 전혀 알지 못했다. 1700년대 말 프랑스의 수학자 피에르 시몽 라플라스가 대서양의 깊이를 계산한 다음에야 사람들은 비로소 '깊은 바다(심해)'의 '깊은'이 뜻하는 게 무엇인지 이해하기 시작했다. 우리 행성에서 가장 큰 생태계인 평균 수심 약 3,500미터의 심해는 인간이 그곳을 항해했던 시간만큼이나 오래도록 우리의 시야로부터 숨어 있었고 접근 불가능했으며 알려지지 않았다.

심해는 오랫동안 생명이 없는 세계로 인식되었다. 1858년 영국의 박물학자 에드워드 포브스는 300패덤(약 550미터) 아래에는 생명이 존재할 수 없다고 썼다. 포브스의 심해 무생물론은 최초의 세계 일주 항해였던 1870년대 챌린저 호 탐사를 이끌었던 찰스 와이빌 톰슨 경에 의해 곧 무참하게 신뢰를 잃게 되었다. 4년에 걸쳐 톰슨과 그의 동료들은 거의 8,000미터에 달하는 깊이에서 해저를 저인망과 준설기로 훑어 4,000종 이상의 새로운 해양 생물을 발견해냈다. 해저를 파헤쳐 건져 올린 동물들은 거의 알아볼 수 없을 정도로 토막 나기 일쑤였지만, 그럼에도 그동안 알려지지 않았던 심해 동물상의 풍부한 다양성을 밝히는 귀한 표본이 되어주었다. 다만 이러한 표본들로부터 추론할 수 있는 것에는 한계가 있었다. 해저 생물이 어떻게 생겼는지 혹은 서로 어떤 상호작용을 하는지에 대한 통찰을 얻기는 힘들었다. 탐험가이자 인도주의자였던 테오도르 모노의 말을 바꿔 표현해보자면, 준설기를 사용해 심해 생물을 알아보려고 하는 것은 외계인들이 무턱대고 우주에 낚시 바늘을 드리우고 바퀴벌레와 티셔츠, 아이팟 등을 낚아서 지구의 생명체를 알아내려고 하는 것과 같다. 저인망과 준설기는 심해에서 발견되는 생물다양성을 측정할 수 있게 해준다. 이런 도구는 오늘날에도 종의 수를 세거나 기타 통계 작업에 사용되고 있다. 그러나 자연 환경 속의 동물행동을 이해하는 데에는 거의 무용지물이다. 이 목적을 이루기 위해서는 유기체가 살고 있는 환경 속에서 이들을 관찰해야 한다.

19세기 말에 수중 여행은 쥘 베른의 『해저 2만 리』로부터 영감을 받은 많은 사람들이 꿈꾼 일이었다. 그러나 탐험가들은 1930년대에 와서야 비로소 처음으로 빛이 투과하는 곳 너머 극단의 암흑이 펼쳐지는 진정한 심해 속으로 내려갔다. 이러한 최초의 심해 잠수의 선두에 섰던 이가 윌리엄 비비이다. 브롱크스 동물원의 문학적이며 서정적인 호리호리한 박물학자였던 그는 마침내 약 800미터 깊이까지 내려갔다. 젊은 갑부 오티스 바턴은 잠수구를 고안하여 제작했는데, 그것은 사슬에 묶인 금속 공 모양을 하고 있었다. 잠수구의 내부 직경이 91센티미터도 되지 않아 심해 개척자들은 매번 잠수할 때마다 몇 시간씩 옴짝달싹 못하게 끼어 있어야만 했다. 좁은 잠수구 속에서 비비는 휘둥그레진 눈에 들어온 녹색의 '춤추는' 빛에 주목했다. 그것은 이제껏 어떤 사람도 보지 못했고 이름도 없었던 생물들의 발광 불빛이었다.

비비가 잠수구를 타고 해수면 아래를 탐험하고 있을 때 스위스의 과학자 오귀스트 피카르는 '대기권보다 훨씬 위', 지상에서 거의 16킬로미터 위에 있는 성층권으로 최초의 비행을 하고 있었다. 이런 위업을 달성하기 위해 피카르는 수소로 채운 풍선 밑에 매달린, 기압이 일정하게 유지되는 구형의 곤돌라를 설계했다. 그는 이것을 제작하며 알게 된 설계 원리를 이용하여 사슬에 묶이지 않은 상태로 심해로 내려가고픈 자신만의 꿈을 실현하고자 했다. 그는 압력을 견뎌낼 수 있는 소형 금속구를 만든 다음, 이것을 부력이 있는 가솔린 '풍선'에 매달았다. 드디어 그의 꿈은 실현되었다. 1954년 피카르가 자신이 만든 잠수구를 타고 해저 4,000미터까지 내려갔던 것이다. 이 잠수구는 사람들을 심해로 데려간 잠수구 중 사슬로 연결되어 있지 않은 최초의 것이었다. 1960년 피카르의 아들인 자크와

미 해군 대위 돈 월시(Don Walsh)가 2세대 잠수구 트리에스테를 타고 바다에서 제일 깊은 마리아나 해구까지 10,916미터나 내려갔다. 월시와 피카르의 잠수는 탐사를 위한 잠수라기보다는 신기록 수립을 위한 잠수였다. 어쨌든 이 기록은 오늘날에도 깨지지 않고 있다. 우리 행성에서 가장 깊은 곳까지 잠수했던 사람의 수보다 달 위를 걸었던 사람의 수가 더 많을 정도이니 말이다.

잠수구의 기술적 성공으로 지질학자 앨 바인(Al Vine)을 선두로 하는 미국의 해양학자들은 한껏 고무되어 심해 탐험에 사용할 수 있는 좀 더 작고 조작이 쉬운 잠수정을 만들려고 노력했다. 가솔린 풍선이 달려 있던 트리에스테는 본래부터 부력을 가지고 있어서, 소모성 추를 실어야만 가라앉았다. 그런 식으로 내려가고 올라올 수 있었지만, 일단 추를 버리면 깊이를 조절할 수 없었으며 옆으로 이동하지도 못했다. 앨 바인의 이름을 딴 3인용 잠수정 앨빈 호는 조종사를 필요로 하는 최초의 심해 잠수정이었다. 뒷부분에 있는 대형 프로펠러의 각도와 속도를 조종하여 바다의 바닥 위에서 움직이게끔 운전할 수 있었다. 앨빈 호는 1964년 첫 번째 잠수를 하면서 진정한 의미의 해양 탐사 시대의 문을 열었다.

신형 프랑스 잠수정 시아나(Cyana)와 함께 앨빈은 전례 없는 탐사 작업이었던 페이머스(FAMOUS[French-American Mid-Ocean Undersea Survey, 프랑스-미국 중앙해저연구], 1972년)를 추진하며, 편리한 과학적 기계로서 잠수정이 가진 장점을 유감없이 발휘했다. 지질학자들은 해수면 아래 4,000미터까지 내려가, 대서양을 둘로 가르는 기다란 화산 산맥인 대서양 중앙해령을 처음으로 관찰할 수 있었다. 1970년대 중반 대서양에서 태평양으로 초점을 바꿔 갈라파고스 열곡으로 2,400미터까지 내려간 지질학자들은 암석성 해저의 갈라진 틈에서 나오는 따뜻한 물(섭씨 20도 내외)을 발견했다. 곧이어 그들은 캘리포니아 만에서 시작하여 남쪽으로 중남미 해안 앞바다에 걸쳐 있는 산맥인 동태평양해팽에서 높다란 광물질 굴뚝에서 뿜어져 나오는 온천(섭씨 350도)을 발견했다. 그 모습은 가히 장관이었다.

지질학자들은 이러한 온천, '열수분출공'이 심해저에 있을 것이라고 예상은 했지만, 고온의 물이 흐르는 곳에 희한한 동물들이 특별한 군집을 이루고 있으리라고는 전혀 생각지 못했다. 붉은 깃털이 달린 1.8미터 길이의 벌레들이 물속의 화학물질을 먹으며 산다는 보고에 생물학자들은 서둘러 그 잠수지로 왕복 여행을 떠났다. 1970년대 말 해저 관찰은 다른 나라들에게 심해 잠수기구 개발의 동기를 키워주었다. 앨빈과 시아나 외에도 프랑스, 캐나다, 러시아, 일본 팀들이 조종하는 심해 잠수정들이 새롭게 등장한 것이다.

1977년 심해 열수분출공 발견 이후, 극한 환경에 새롭게 적응한 생명체들을 발견하고, 우리 행성이 어떻게 움직이고 있는가에 대한 근본적인 통찰을 갖게 되면서 심해 탐험은 꾸준히 늘어났다. 새로운 도구와 센서로 인해 해저에 접근할 수 있는 능력이 커짐에 따라 탐사 활동은 더욱 활발해졌다. 사슬에 매달려 있거나 그렇지 않은 로봇은 이제 심해 탐사자들이 직면한 많은 도전에서 최고의 도구나 다름없다. 그럼에도 불구하고 두 개의 신형 유인 잠수정—중국과 미국—의 제작은 다음 반세기 동안 심해저에 인간이 있어야 하는 이유가 되고 있다.

인간은 심해저의 1%도 관찰하지 못했다. 우리 앞에 도전이 기다리고 있다. 20세기에 우리는 심해에 다가갈 수 있었고, 21세기에는 심해에 대해서 알게 될 것이다. ●

맞은편
Histioteuthis heteropsis
보석오징어 Jewel squid

크기 | 20 cm
수심 | 400~1,200 m(낮), 0~400 m(밤)

보석오징어는 온몸이 발광포로 덮여 있어서 생물학자 제임스 헌트의 말처럼 거대한 딸기처럼 보인다. 주변 환경의 밝기에 따라 자신의 불을 켜기도 하고 끄기도 하여 먹이동물은 물론 포식동물로부터 몸을 숨길 수 있다. 복잡한 발광 기작에도 불구하고 이 오징어는 향유고래의 식단에 자주 올라간다. 향유고래 한 마리의 위장에서 2천 마리의 보석오징어 주둥이가 발견된 적도 있다.

뒷장 양면
Paraliparis copei copei
검은주둥이꼼치 Blacksnout seasnail

크기 | 17 cm
수심 | 200~1,692 m

강아지 같은 머리와 올챙이 모양을 한 이 물고기는 비늘이 없는 몸체에 젤라틴질 물질이 덮여 있다. 더구나 이 종은 외모만큼이나 매력적인 재주를 가지고 있다. 놀라거나 위협을 당했을 때 몸을 굴려 고리 모양을 만드는 모습이 관찰된 것이다. 과학자들에 따르면, 이것은 몸을 해파리처럼 보이게 만드는 방어 자세일 수도 있다. 암흑 속에서 사냥꾼이 보기에 기다란 형태는 잡아먹을 수 있는 뱀장어처럼 보이겠지만, 둥근 공은 피해야 할 따가운 해파리를 연상시킬 테니 말이다.

"영장류에게 중층 수역은 확실히 좀 불안한 곳이다.

온통 물에, 아주 깜깜하고, 그리고 사방이……

아무리 4,000미터 아래에 있다고 해도 바닥은 있어야 안심이 된다."

테오도르 모노, 1954년

수심 150미터에서는 태양 광선의 99%가 물에 흡수된다.

중층 수역에서 살아남기

조지 I. 마쓰모토 George I. Matsumoto **박사**

미국 몬터레이 만 해양연구소MBARI

해양의 중층(midwater)은 지구상에서 가장 넓은 서식지이다. 모든 물은 서로 연결되어 있기 때문에 하나의 바다만이 있을 뿐이며, 이 바다 속에서 중층 수역은 해수면에서 바닥까지 걸쳐 있다. 이곳은 모든 거주자들에게 극한의 도전을 안겨주는 광활한 3차원의 액체 환경이다. 아래로 내려가면서 급격히 사라져버리는 햇빛, 뼈가 시릴 정도로 추운 심해의 온도(섭씨 4~6도), 적은 산소량, 점점 더 높아지는 압력에도 불구하고 이 거대한 물기둥에는 알려지지 않은 엄청난 수의 유기체들이 살고 있다. 우리는 중층 수역에 살고 있는 동물 문(門)을 대표하는 종들을 거의 대부분 발견할 수 있는데, 이들 모두는 네 가지 기본적인 도전을 똑같이 받고 있다. 그것은 바로 중층 수역에 머무는 일, 먹이를 찾는 일, 포식자를 피하는 일, 그리고 짝을 찾아내는 일이다.

첫 번째 도전은 중층 수역에 머물러 있는 일이다. 중층 수역 유기체들에게, 해수면으로 떠오른다거나 바닥으로 가라앉는 것은 종종 죽음을 뜻한다. 해수면과 해저는 위험한 벽으로 작용한다. 해변에 가까이 가는 것만으로도 많은 젤라틴질 동물들에게는 문제가 될 수 있다. 산호초, 암석, 파도, 해일 등이 이 섬세한 유기체들을 갈기갈기 찢어놓을 수 있기 때문이다.

어떤 유기체들은 자신의 위치를 유지하거나 물속에서 돌아다니기 위해 열심히 헤엄친다. 어류같이 좀 더 큰 동물들과 젤라틴질의 동물 플랑크톤은 부레를 이용하여 물속에서 위아래로 움직인다. 어떤 관(管)해파리들은 부레(기포체)에 들어 있는 일산화탄소를 써서 물속에서의 움직임을 조절하는데, 높이 올라가기 위해서는 기체를 더 넣고, 가라앉으려면 기체를 뺀다. 상어는 기름이 들어 있는 간에 의지하는데, 기름은 상어를 바닷물보다 밀도가 약간 떨어지게 하여 위로 올라가게 돕는다. 어떤 종은 간의 기름이 너무나 효율적인 바람에 상어의 밀도를 99%까지 낮춰 부력을 엄청나게 증대시킨다.

다른 모든 동물과 마찬가지로 중층 수역의 유기체들은 살아남기 위해서 먹이를 찾아야 한다. 바다 속으로 깊이 들어갈수록 먹이는 귀해진다. 따라서 이들이 직면한 가장 시급한 문제는 먹이를 찾아내는 일이며, 다음은 먹이를 잡는 일이다. 먹이를 찾는 방법은 많다. 느리게 움직이는 먹이를 찾아 바다를 어슬렁대는 활동적인 포식동물도 있고, 덫을 놓거나 생물발광 미끼를 흔들어대며 매복하는 포식동물도 있으며, 먹이를 구하기 위해 바닷물을 걸러내는 여과섭식동물도 있다.

취할 수 있는 먹이라고는 위에서 떨어지는 게 대부분인 깊고 어두운 바다에서 동물들은 최소한의 에너지만을 필요로 하며, 오랜 기간 동안 굶어도 버텨내는 중소형 크기의 흐느적거리는 몸을 갖고 있다. 풍선장어(Saccopharynx)와 꿀꺽이고기(Chiasmodon)는 아무것도 먹지 않고 몇 주를 버틸 수 있지만, 늘어나는 위를 가지고 있어서 어떤 먹잇감—심지어 자기만 한 크기의 것일지라도—과 마주치더라도 전부 삼킬 수 있다. 귀신고기(Anoplogaster)와 큰니고기(Chauliodus) 같은 어류는 잡은 것을 놓치지 않기 위해 한입 가득 날카로운 이빨을 가지고 있다.

먹이 섭취가 기본적인 행위이기는 하지만 중층 수역에서의 이런 현상은 제대로 밝혀지지 않았다. 우리가 알고 있는 지식 대부분은 내장 내용물 분석을 통해 얻어진 것들이지만, 최근 원격조종 잠수정을 자주 이용하면서 과학자들은 윌리엄 비비가 1930년대 최초로 잠수를 했던 시절부터 있었던 일부 당혹스러운 질문에 대해 설명할 수 있게 되었다. 그들은 또 완전히 새로운 질문들을 갖게 되었으며, 우리는 지금도 그 답을 찾고자 노력하고 있다. 위로 향한 관 형태의 눈과 앞쪽의 입, 투명한 머리를 가진 통안어(Macropinna microstoma)가 훌륭한 예이다. 자연 상태에서 이루어진 직접 관찰을 통해 현재 이 놀라운 어류는 수면으로부터 내려오는 희미한 빛을 이용하여 먹이의 위치를 찾아낸 뒤 위를 향하고 있는 눈을 앞쪽으로 굴려서 먹이를 감시하다가 입을 벌린다는 것이 알려졌다.

Stigmatoteuthis arcturi
아르크투루스보석오징어
Arcturus jewel squid

크기 | 30cm
수심 | 400~1,200m(낮), 0~400m(밤)

엄청나게 희한한 심해 생물이 있다면, 그것은 의심할 바 없이 이 보석오징어일 것이다. 두 눈 중 하나는 작고 몸 안쪽으로 박혀 있는 반면, 나머지 눈은 아주 커서 말 그대로 안구 밖으로 돌출되어 있다. 이 동물은 바다의 약광층에서 살 수 있도록 매우 잘 적응되어 있다. 작은 눈은 항상 아래로 향해 있어 더 어두운 층을 바라보고 있고, 큰 눈은 햇빛이 비치는 수면을 향하고 있다. 특화된 특징을 최대한 활용하기 위해서 헤엄을 칠 때 45° 각도를 유지하는 것으로 보인다.

아직 답을 찾지 못한 새로운 질문 중 하나는 이런 동물들의 수면 행동에 관한 것이다. 이들은 과연 잠을 잘까? 휴식을 취하기는 하는 걸까?

위치를 유지하고 먹이를 찾는 일만으로도 힘이 들지만 유기체들은 생식도 해야만 한다. 이 광활한 3차원의 서식지에서 짝을 찾는다는 것이 불가능해 보이지만 그래도 동물들은 성공한다. 혼자서 생식을 할 수 있는 빗해파리 같은 암수한몸 동물도 있고, 서로 만났을 때 짝짓기를 한 다음 난자가 수정할 준비가 될 때까지 정자를 보관하는 오징어 종도 있다. 동종끼리의 의사소통에 이용되는 장치를 포식자도 종종 활용할 수 있기 때문에 짝을 제대로 찾아내는 것은 어려운 일이다. 샛비늘치(Myctophid)가 다른 샛비늘치에게 자신의 존재를 드러내며 짝을 찾고 있음을 알리려 한다고 상상해보자. 하지만 암흑 속에 숨어 있는 큰니고기는 그 샛비늘치가 만들어내는 빛을 보고 샛비늘치를 공격한다. 때로 이 교활한 포식자는 먹이의 빛 신호를 흉내 내어, 자신의 짝을 찾았다고 생각하고 전혀 의심하지 않는 희생자들을 유인하기도 한다!

결국 다른 동물의 먹이 신세가 된다면 이 모든 생식 전략은 아무 쓸모가 없다. 따라서 포식자들을 피하는 일도 우선순위에 올라 있다. 중층 수역에는 숨을 곳이 거의 없다. 육지와 달리 몸을 숨길 바위나 나무 하나 없다. 동물들은 다양한 방법으로 위험을 피하려고 한다. 아주 작아서 찾기 힘들게 하거나 포식자들을 저지할 만큼 크거나, 둘 중 하나이다. 세상에서 가장 긴 동물인 대왕관해파리(Praya)는 후자를 택했다. 이 동물은 길이가 40미터

에 달하기도 하며, 300개가 넘는 위를 가지고 있다! 동물들은 몸을 투명하게 하거나, 위장하는 방법을 택하여 포식자들이 그들을 보지 못하게 할 수도 있다. 유리문어(Vitreledonella)는 몸체 대부분이 투명한 덕분에 포식자들의 눈을 피하면서 먹이를 찾아 바다를 활보한다. 야자앵무오징어(Galiteuthis)는 빛이 나는 기관들을 사용하여 눈을 감추는데, 오징어가 회전을 하면 발광 기관들이 회전하여 아래쪽의 포식자들에게 언제나 자신의 존재를 숨길 수 있다.

또 다른 훌륭한 생존 전략은 대부분의 포식동물들이 살기 부적당한 환경에서 사는 것이다. 오해를 많이 사는 흡혈오징어(Vampyroteuthis infernalis)는 이런 전략을 택했다. 이 생물은 흡혈 기생동물이 아니라 아름다운 진홍색 두족류로, (산소가 거의 없는) 산소 극소층에 살고 있다. 이 층은 어떤 곳에서는 그 폭이 300미터나 되며, 생존하기 위해서는 더 많은 양의 산소가 필요한 포식자들로부터 이 두족류를 보호해준다.

중층 수역이라고 하는 가혹한 3차원 서식지에 대한 동물들의 반응은 지극히 다양하며, 여전히 제대로 된 기록이 없는 게 사실이다. 지난 몇십 년에 걸쳐서 확실해진 사실은 우리가 중층 수역에 대해 아무리 많이 배운다 해도 앞으로 발견될 것이 훨씬 더 많다는 점이다. 신종은 끊임없이 보고되고 있으며, 누가 '주인공'이고 각각 어떤 역할을 하는지 알게 되기 전까지는 진정으로 이 생태계를 이해할 수 없을 것이다. ●

맞은편

Melanocetus johnsoni
검은악마아귀 Black-devil anglerfish

크기 | 20cm
수심 | 1,000~4,000m

흐늘흐늘하고 늘어나기도 하는 가죽을 지닌 이 암컷은 포악한 바다 괴물의 특징을 띠고 있지만 포도송이보다도 더 크지 않다! 아귀의 둥근 몸은 움직이지 않는 생활양식에 적응되어 있다. 움직이지 않는 것은 에너지를 절약하는 것 말고도 포식자 또는 물의 미세한 진동에도 민감한 반응을 보이는 먹이동물로부터 발각되는 것을 피하는 효과적인 방법이다. 아주 왜소한 검은악마아귀 수컷들은 암컷에 붙어서 일생을 보내는데, 점차 암컷의 몸으로 조직이 분해되어 결국에는 완전히 사라진다.

뒷장 양면

Winteria telescopa
통안어류 Spookfish

크기 | 20cm
수심 | 400~2,500m

통안어류의 거대한 망원경 같은 두 눈은 빛을 최대한 모으는 데 완벽하게 적응한 결과이다. 이런 눈은 암흑 속에서 사냥할 때 누구도 따라올 수 없는 시각적 이점을 제공한다. 망막에 수많은 간상세포가 있어 주변의 빛 속에서 생물발광을 구분할 수 있다. 덕분에 심해 생물들이 서로 드리운 많은 덫을 피할 수 있다.

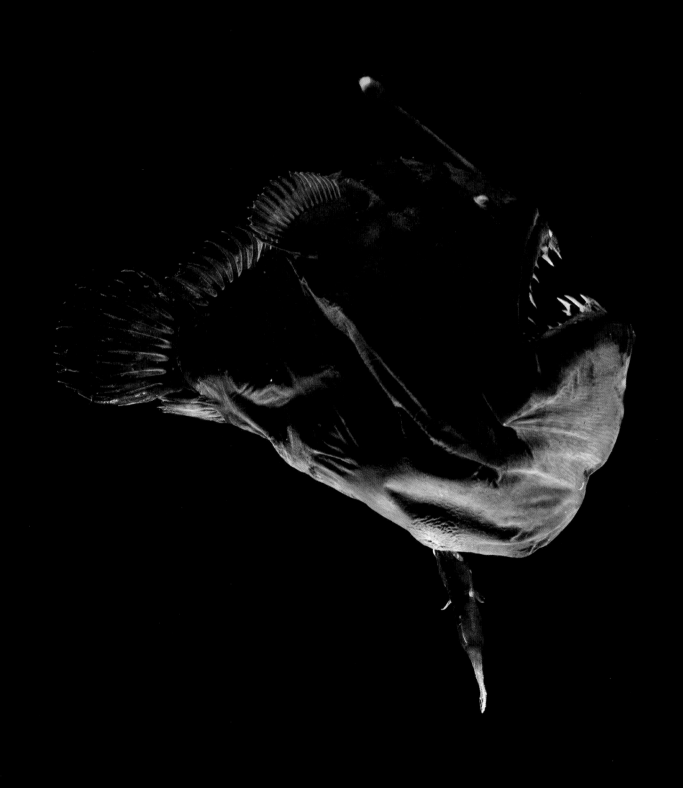

중층 수역은 숨는 것을 허용하지 않는 광활한 열린 정글이다.

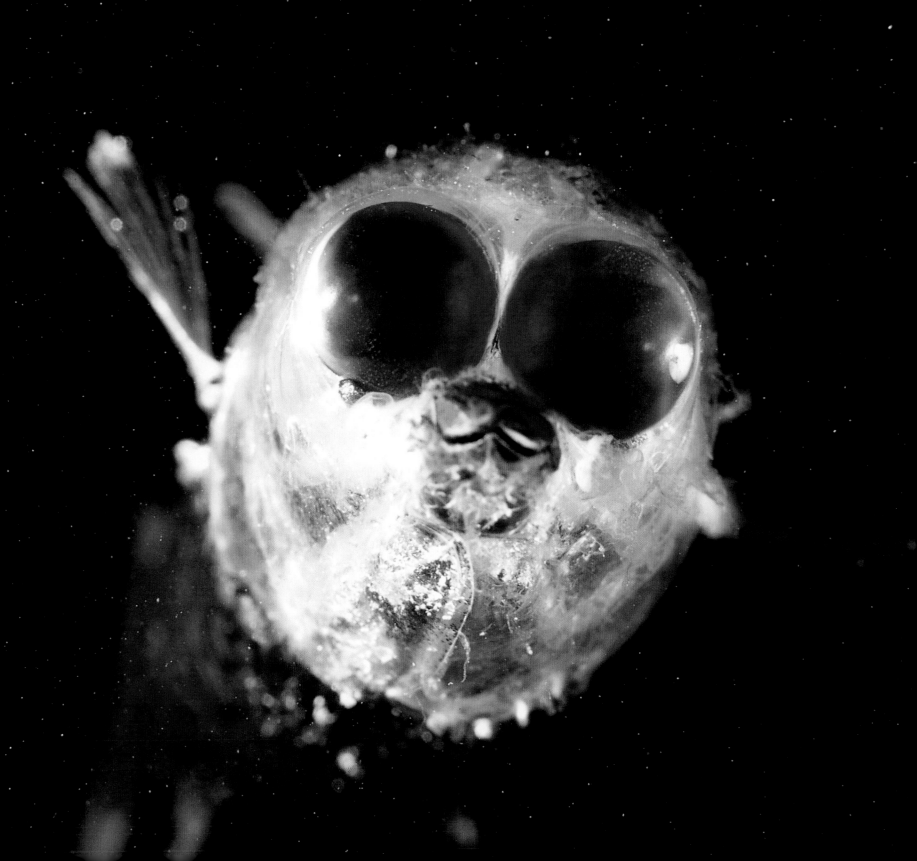

위험은 항상 존재하며, 앞·뒤·옆·위·아래 모든 방향에서 찾아올 수 있다.

위험은 항상 존재하며, 앞·뒤·옆·위·아래 모든 방향에서 찾아올 수 있다.

맞은편

Teuthowenia pellucida
왕눈이유리오징어
Googly-eyed glass squid

크기 | 20cm
수심 | 0~900m(유생과 미성체),
1,600~2,500m(성체)

지나가는 포식동물 때문에 놀라게 되면 이
오징어는 놀라운 변신을 꾀한다. 먼저, 평
소에는 날씬하던 몸을 물로 불려 투명한
공처럼 만든다. 이렇게 해도 위협이 줄어
들지 않으면 머리와 다리, 촉완을 강(腔)
속으로 잡아당긴다. 이 동물은 마지막 수
단으로 강을 먹으로 채우고 암흑 속으로
사라진다.

오른쪽

Anoplogaster cornuta
귀신고기 | Fangtooth

크기 | 15cm
수심 | 600~5,000m

희한하게 돌출한 뼈의 해골 같은 외모를
하고 있어서 이 동물은 더욱 위협적으로
보인다. 얼마 안 되는 살 밑으로 보이는 구
획은 사실은 매우 민감한 감각 기관인데,
이것을 가지고 물속의 아주 경미한 움직임
까지 감지할 수 있다. 귀신고기가 사는 심
해는 완전한 암흑이 있는 곳으로, 추위와
압력이 극에 달하며 먹이도 희박하다. 균
형이 맞지 않게 커다란 턱과 칼날처럼 날
카로운 이빨을 가진 이 물고기는 극한의
주변 환경에 맞설 수 있는 채비를 잘 갖추
고 있다.

뒷장 양면 왼쪽

Stauroteuthis syrtensis
발광빨판문어 | Glowing sucker octopus

크기 | 최대 50cm
수심 | 700~2,500m

이 문어는 몸의 신축성 덕분에 흔치 않은
변신 능력을 가지고 있다. 단 몇 초 만에
몸을 부풀리거나 수축시키고, 길게 늘이거
나 꼴 수 있다.

뒷장 양면 오른쪽

Chaetopterus sp.
털날개갯지렁이속

크기 | 2cm
수심 | 965~1,300m

이 날아다니는 일명 '돼지엉덩이벌레(Pig-
butt worm)'는 캘리포니아의 몬터레이 만
해양연구소 과학자들이 최근에 발견한 신
종이다. 이 동물은, 바닥에 고착된 관에 살
고 그 유생은 물기둥에서 몇 달씩 지내는
다모류 벌레종과 가까운 친척이다. 표영성
생활양식에 적응하면서 유생의 변태 특징
을 보존한 듯하며, 이것이 벌레류치고는
매우 특이한 형태를 지니게 된 이유를 설
명해준다. 이 동물은 점액의 풍선을 부풀
려 그 표면에 붙은 유기 분자들을 모아 먹
이로 먹는다. 4년간의 연구 기간 동안 열
개의 표본만이 관찰되었다.

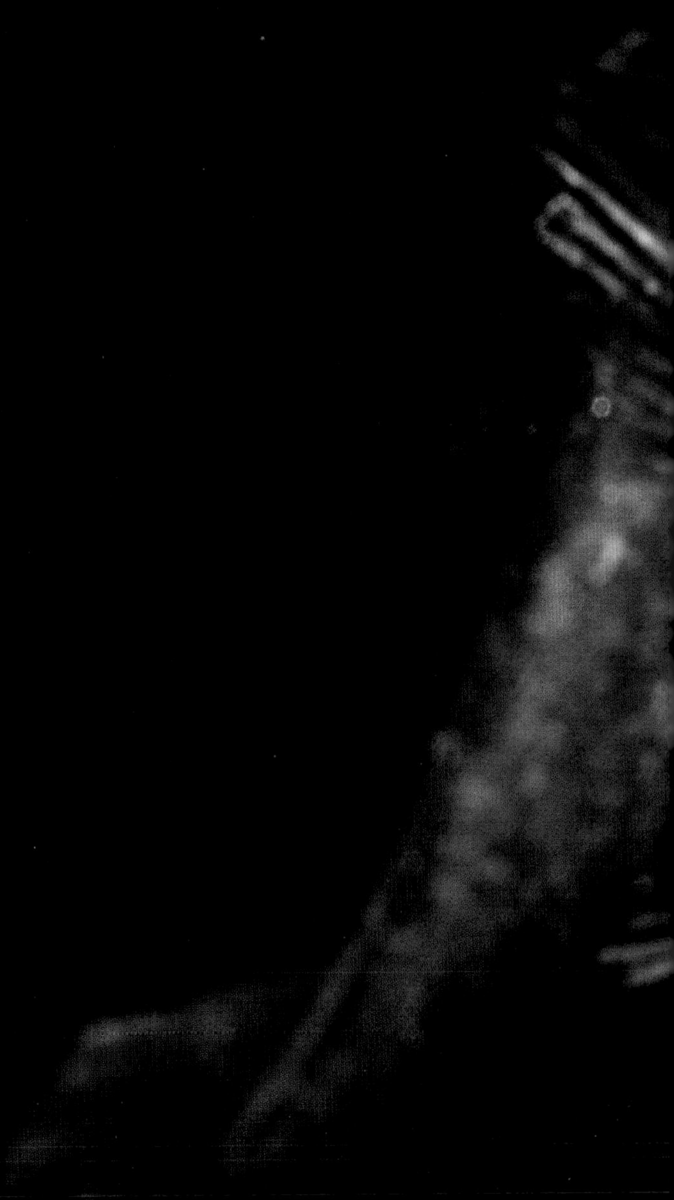

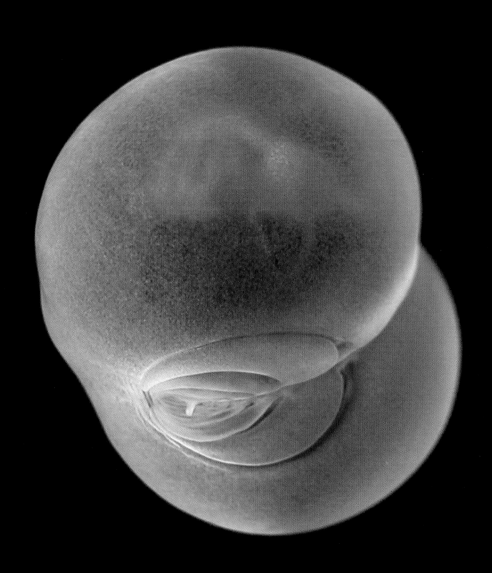

중국 그림자극

해수면으로부터 빛이 투과하는 처음 몇백 미터 깊이에 사는 생물들의 삶을 알기 위해서는 이들이 사는 환경을 아는 것에서 출발해야 한다. 이들 위쪽의 수면층은 밝고 아래쪽의 물은 어둡기 때문에, 아래쪽에 있는 생물들이 상층부 위쪽을 바라보면 생물들의 형체가 중국 그림자극에서 볼 수 있는 윤곽선처럼 뚜렷하게 보인다. 커다란 몸집, 이빨, 독과 같이 적절한 방어 무기를 가지고 있는 동물은 다른 동물의 눈에 띄는 사치를 감당할 수 있지만, 그런 무기가 없는 동물은 주위 배경 속에 파묻히기 위해 최선을 다한다. 다양한 방법이 있는데, 그중 가장 두드러지는 유형은 형태를 투명하게 만드는 것이다. 이 방법은 해양 유기체들 사이에 널리 이용되고 있으며, 인간의 눈에는 몇 센티미터 거리에서도 보이지 않을 정도로 완벽한 위장법이다. 생물학자 손케 욘센(Sönke Johnsen)이 '유리 동물'이라는 별명을 붙인 이런 동물로는 해파리, 살파, 빗해파리, 바다달팽이 등이 있다. 투명함을 얻지 못한 동물은 복부의 발광포로 아래쪽을 향하

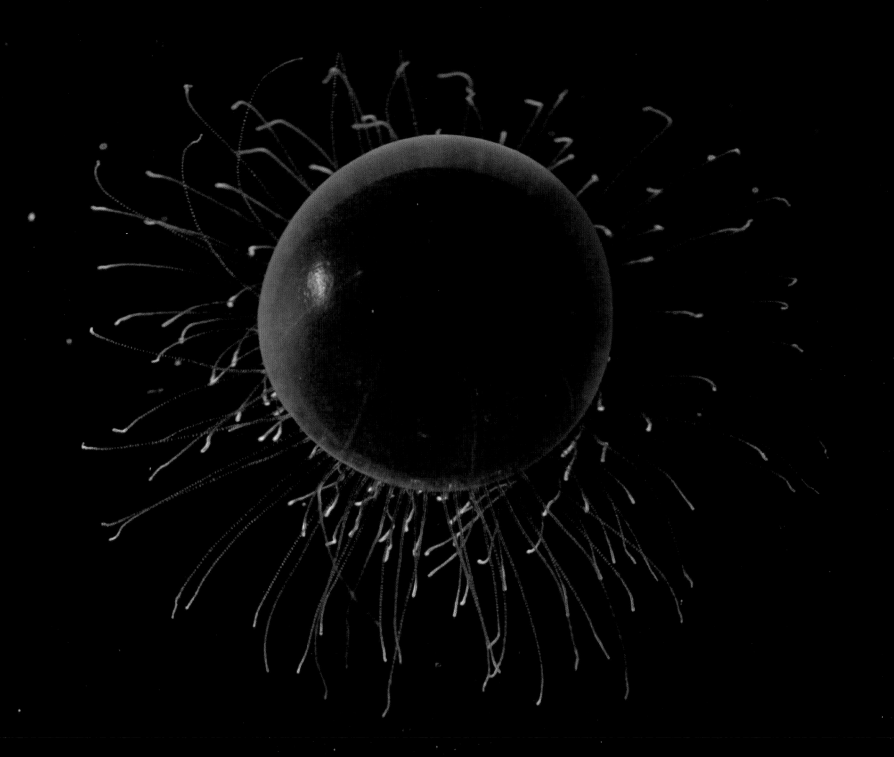

는 빛을 만드는데, 주변의 밝기에 맞게끔 빛 발생 강도를 조절하여 몸의 불투명한 윤곽선을 가린다. 이 방법은 제2차 세계대전 때 전투기에 이용된 바 있지만, 훨씬 그 이전에 이미 다양한 심해 어류들이 채택했던 전략이었다. 가장 잘 알려진 예로는 은빛 앨퉁이류(*Argyropelecus sp.*)가 있다.

수백, 수천의 생물들이 독자적으로 복잡한 위장술을 개발했다면, 그 이유는 의심할 바 없이 그런 기술이 효과가 있기 때문이다. 그러나 이렇게 가장 독창적이고 광적인 발명 경쟁에서 포식자들이

뒤쳐지고만 있었던 것은 아니다. 일부는 이미 먹이동물의 속임수를 좌절시키는 방법을 알아냈다. 예를 들어, 어떤 오징어는 편광을 감지해낼 수 있어서(마치 우리가 쓰는 편광 선글라스 같은 것을 쓰기라도 한 것처럼), 빛의 90%를 통과시키는 몸을 가진 생물을 잘도 분간해낸다. 또 어떤 종들의 눈은 노란 필터로 덮여서 녹색의 하이라이트 효과를 만들어내는데, 이를 통해 놀라운 위장용 빛을 내는 어류의 발광포를 알아챌 수 있다. 먹이동물에 적응하기 위해 이렇게 혁신적으로 반응한다는 사실은 지금도 진화가 진행되고 있음을 알려주는 좋은 사례이다. ●

맞은편과 아래
Vampyrocrossota childressi
검정해파리 Black medusa

크기 | 1.5cm
수심 | 600~1,500m

이 해파리는 우주의 블랙홀처럼 자기 몸에 부딪치는 모든 빛을 흡수한다. 이 생물은 단순히 반투명의 젤라틴으로만 이루어진 것 같지만, 자세히 보면 벨벳 같은 어두운 갓도 가지고 있다. 검정해파리는 완벽한 위장술을 구사한다. 주변이 어두우면 전혀 보이지 않는데, 바로 이런 이유 때문에 몬터레이 해곡에서 1992년에야 비로소 발견되었다.

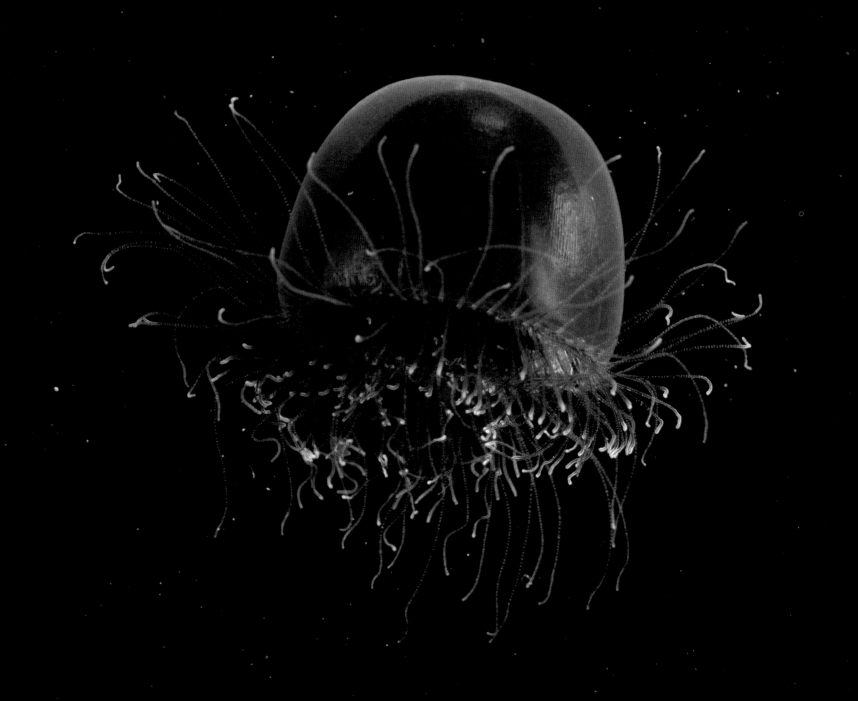

오른쪽

Leachia sp.

바티스카프오징어류
Bathyscaphoid squid

크기 | 15cm

수심 | 730m

유리오징어과(cranchiidae)에 속하는 오징
어들은 부드러운 몸에, 아무런 방어 기관도
침도 뾰족한 돌기도 가지고 있지 않은 비
공격적인 생물이다. 이들을 잡아먹는 포식
동물들이 많은 것으로 보아 매우 맛있는
게 틀림없다. 위험에 취약한 이들은 눈에
띄지 않고 지나가는 것 외에는 달리 방도
가 없다. 그래서 거의 완전하게 투명해지는
방법을 택했다. 바티스카프오징어라는 이
름은 오귀스트 피카르가 만든 심해 잠수정
에서 유래했다. 이 생물은 잠수정 바티스카
프 호처럼 커다란 공간—두 개의 투명한
내부 주머니—을 부력실로 가지고 있다. 물
보다 가벼운 암모늄 이온으로 채워진 이
주머니 때문에 중성 부력을 갖게 된다.

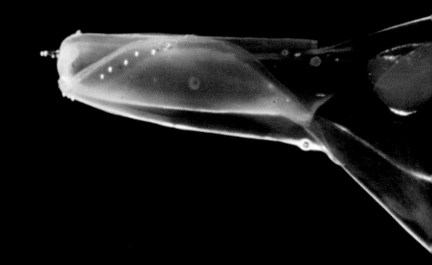

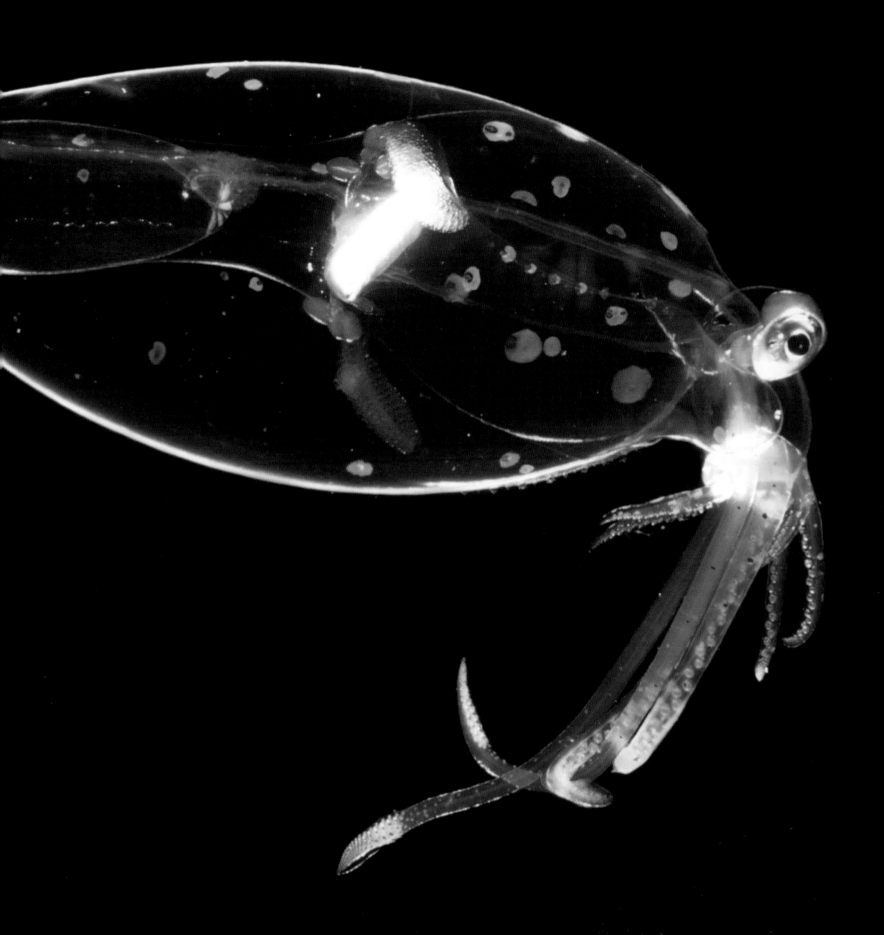

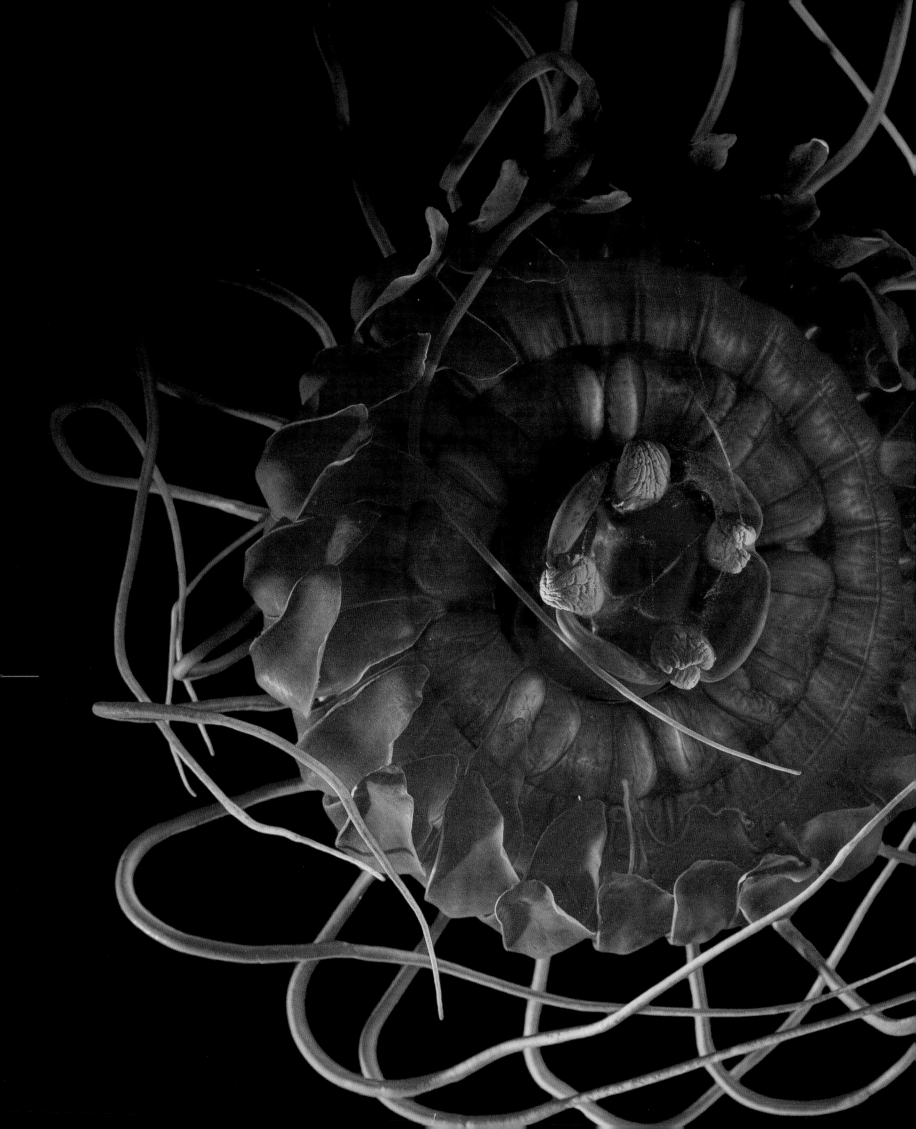

왼쪽
Atolla wyvillei
관(冠)해파리류

크기 | 15cm
수심 | 600~5,000m

심해에 널리 퍼져 있는 아톨라 위빌레이
(*Atolla wyvillei*)는 놀라운 생물발광—일종
의 회전 원반같이 생긴 것이 수천 개의 푸
른 섬광을 만들어내며 반짝인다.—으로 탐
험가들 사이에 잘 알려져 있다. 아톨라 해
파리는 위협을 당했을 때 또 다른 포식자
를 끌어들여 자신의 공격자를 주목하게끔
하려고 이런 쇼를 벌인다. 기본적으로 이
전략은 우리들 귀를 멍하게 만드는 도난
경보기와 같다. 심해의 세계에서는 그것이
소리가 아니라 가장 효과적인 빛이라는 점
만 다를 뿐이다!

뒷장 양면 왼쪽
Munnopsis sp.
등각류

크기 | 1~2cm(몸체), 15cm(다리)
수심 | 900~3,000m

이 생물이 움직이는 장면을 보면 눈에 보
이지 않는 하프를 연주하는 거미로 생각할
지도 모른다. 희한하면서도 우아한 이 동
물은 물속 거주자들 중에서도 독특하여,
지금까지 이것과 마주친 과학자들 모두를
어리둥절하게 했다. 살아 있는 상태의 이
생물을 연구한 유일한 생물학자 캐런 오스
본이 밝혀낸 사실은 이 동물을 한층 더 환
상적으로 만들었다. 쥐며느리의 사촌인 이
들은 해저로부터 3,000미터 이상까지 헤
엄쳐갈 수 있으며, 긴 다리로 기저층을 횡
단하기도 한다. 이 작은 생물이 보여주는
놀라운 이동 거리는 그 영법이 얼마나 효
율적인지를 말해주는 듯하다. 다리가 무척
길기 때문에 이 등각류가 택할 수 있는 방
법이란 뒤쪽에 있는 보행용 긴 다리를 질
질 끌며 뒤로 헤엄치는 것이었다. 이들은
헤엄치는 다리를 노처럼 젓는데, 이 다리
에는 털이 있어서 위에서 아래로 내리칠
때 표면적을 늘려준다. 이 등각류는 사진
에서처럼 복부에 있는 주머니에서 새끼를
기르는데, 수백 마리의 유생을 넣고 다닐
수 있다. 어미나 이 낭 안의 새끼들은 어린
새끼들이 독립하기 전에 그중 일부를 잡아
먹기도 한다.

뒷장 양면 오른쪽
염통성게의 유생

크기 | 2cm
수심 | 알려지지 않음

직각을 유지하는 이 거대한 유생은 마치
두 대의 우주선처럼 보이는데, 이런 모습은
자연에서는 좀처럼 발견되지 않는다. 심해
성게의 유생일 수도 있다.

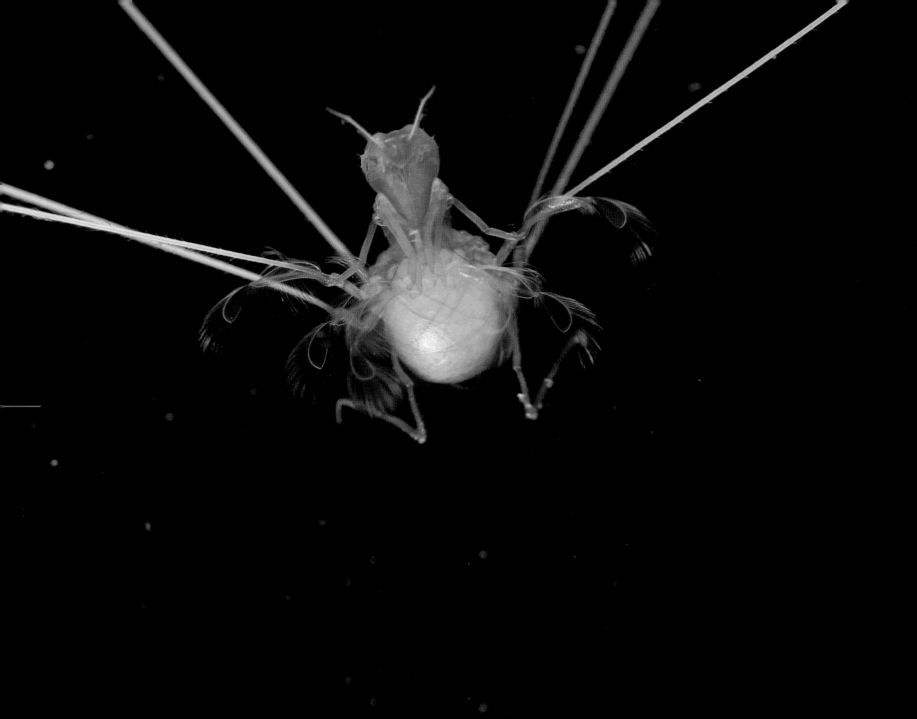

맞은편

Crossota millsae

경해파리류

크기 | 약 3cm

수심 | 1,000~3,800m

이 우아하고 조그마한 해파리는 북태평양에 아주 많이 분포하지만 엄청나게 깊은 곳에 살고 있기 때문에 최근에서야 발견되었다. 이들은 수심 1,000미터 위에서는 전혀 발견되지 않는다. 수심 2,000미터 지점에서 가장 밀도가 높다. 이 해파리를 발견한 과학자들은 그 반짝이는 색과 환상적으로 아름다운 모습을 보고 동료 생물학자 클로디아 밀스의 이름을 따서 학명을 붙여주었다.

"제게 지도와 배를 주세요.

그러면 완전히 새로운 것들을 발견하게 될

그런 곳으로 데려가 드릴 수 있답니다."

신디 리 반 도버, 2005년

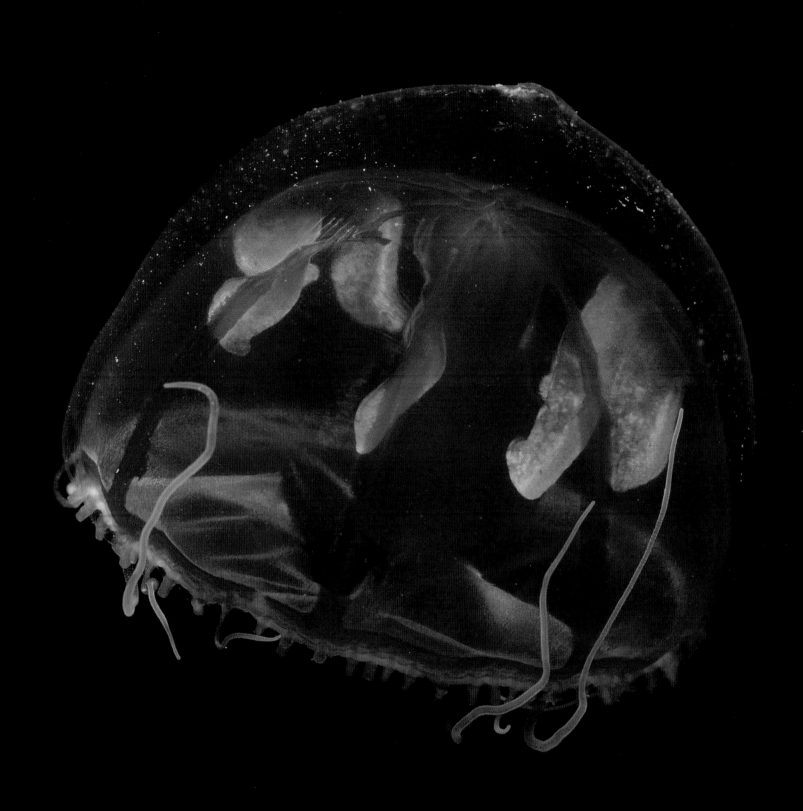

심해 생물의
야간 발레

마시 영블러스 Marsh Youngbluth **박사**
미국 하버브랜치 해양연구소

맞은편
Planctoteuthis oligobessa
살오징어류

크기 | 20cm(꼬리 포함)
수심 | 1,000~4,000m
이 조그마한 오징어는 연약한 모습만큼이
나 희귀하다. 산 채로 잡는 것이 대단히 어
렵기 때문에 지금까지 보고된 개체가 10여
마리에 불과하다. 자연 속에 살아 있는 모
습으로 처음 찍힌 사진은 과학자들조차 놀
라게 했다. 코르크 마개 따개 같은 희한한
꼬리는 포획이 될라치면 끊어져 나간다.
아마도 초기 증기선의 추진기를 떠올리게
하는 꼬리로 이동하는 듯하다.

고요하고 청명한 날의 황혼 무렵과 동틀 무렵, 해수면은
마치 뚫고 들어갈 수 없는 물이 광활하게 펼쳐져 있는
것처럼 보인다. '밖'에 있는 그 어떤 것도 '안'에서 벌어지
고 있는 필사적인 움직임의 낌새를 알려주지 않는다. 그
러나 매일 저녁과 아침, 세상의 모든 바다와 호수는 심해
로부터 표층까지 헤엄쳐왔다가 다시 더 춥고 깜깜한 세
계로 되돌아가는 수많은 생명체들의 대이동이 이뤄지는
무대가 된다. 이런 동물들이 이동할 때면 종종 서로 모여
서 밀집된 층을 형성한다. 수중 음파 탐지기인 액티브소
나(active sonar)가 처음 등장했던 60년 전, 어선의 선장
들은 바다의 밑바닥이 떠오르고 있다고 생각했다. '수직
회유(垂直回游)'라고 부르는 이런 현상은 자연적이고 대
대적으로 일어나는 지구 최대의 동물 이동 현상이다.

19세기 이후 해양생물학자들은 많은 종류의 동물들이
특정 수심에서 다른 수심으로 매일 이동한다고 생각했
다. 수직회유의 가장 분명한 증거는 해저 저인망 작업시
발견되는데, 그것은 바로 어획량이 낮보다 밤에 훨씬 더
많다는 점이다.

크고 작은 모든 종류의 생물체들은 전 바다에서 수직
으로 이동한다. 그들은 이런 의식을 1년 365일 내내 행
하고 있다. 사막의 유목민처럼 그들은 오아시스를 찾아
표층까지 올라갔다가 내려온다. 햇빛이 들어오는 수심
100미터 이내의 '유광(有光)' 층에는 먹을 것이 풍부하다.
유광층에서 현미경적 크기의 식물들은 태양에너지를 이
용하여 이산화탄소 같은 무기물로 당을 만들어낸다. 이
런 작업은 바다 전체 먹이사슬의 기초가 된다. 어둡고
깊은 더 아래쪽 바다에는 광합성 작용을 할 식물이 더
이상 존재하지 않는다. 따라서 실질적으로 심해의 모든
생명체는 햇빛이 비치는 표층에서 생산된 것들에 의지하
고 있다. 모든 곳의 야생 생물과 마찬가지로 심해의 동

물들은 꼭 해야만 하고, 황혼이나 암흑 속에서 안전이
보장될 때에만 이동한다. 매일 일어나는 햇빛의 감소와
증가가 이런 의식을 촉발하고 재개하는 신호가 되므로
여행은 종종 해가 질 때 시작되어 해가 뜰 무렵에 끝난
다. 수심이 얕은 바다에서 보내는 시간은 대개 짧아서
몇 시간밖에 되지 않는다.

이렇게 되풀이하여 일어나는 생존의 연극에서 주인공
들은 누구인가? 도처에서 발견되는 가장 흔한 이동자들
은 바로 요각류라고 하는 1~3밀리미터 길이의 소형 갑
각류들이다. 이보다 좀 더 큰 동물로, 주로 10~30센티
미터 길이의 해파리, 크릴, 오징어, 어류 같은 것들도 흔
히 발견되는 여행자들이다. 좀 더 작은 동물들은 분당 1
미터 정도의 거북이 같은 속도로 헤엄친다. 이 정도의
속도로는 얕은 바다까지 갔다가 돌아오는 데 몇 시간은
필요하다. 좀 더 큰 동물의 수직회유 속도는 훨씬 더 빨
라서 시속 100~200미터 정도이다. 크기에 상관없이 이
러한 방랑자들은 매일같이 수십에서 수백 미터—어떤 종
의 경우에는 1,000미터나 되는 듯하다.—의 거리를 횡단
한다. 수심 1,000미터가 넘는 곳에 사는 동물은 좀처럼
이런 장거리 수직이동을 감행하지 않는다. 표층이 너무
멀기 때문에 이동하는 데 소비되는 시간이 많이 걸리므
로 노력을 들일 만큼의 가치가 없다.

심해 동물은 어떻게 이런 특별한 모험을 완수하는 걸
까? 흔히 바다의 곤충이라고 불리는 요각류는 공기보다
밀도가 800배는 더 높고 점성도 50배는 높은 수생 환경
에서 부력을 높여주고 이동을 용이하게 해주는 깃털과
노같이 생긴 부속지(附屬肢)가 발달되어 있다. 메두사나
살파처럼 낯선 이름을 가진 해파리들은 놀랄 정도로 튼
튼한 헤엄꾼들이다. 이들은 물속을 밀어 헤치며 나아가
지 않고, 대신 물을 빨아들였다가 분출하기를 반복하여
추진력을 얻는 분사추진식으로 이동한다. 빗해파리와 관
(管)해파리같이 가장 연약한 젤라틴질 종들은 몸 안에서
기체와 화학물질을 조절해 부력에 영향을 준다. 그 결과
천천히 상승하거나 가라앉는 것은 물론, 어떤 수심에서
도 그냥 떠 있을 수 있다.

생물들은 왜 이런 여행을 하는 걸까? 여러 가지 가설

이 있다. 그중 인간과 마찬가지로 먹을 것과 사랑할 누군가를 찾아간다는 이론이 가장 우세하다. 위가 되었건 아래가 되었건 심해 동물들이 이동할 때마다 물속에서 수평으로 흐르는 해류는 동물들을 다른 먹이터로 끌어당긴다. 천해에는 먹을거리가 더 많다. 잠잠한 심해보다 물의 움직임이 활발한 해수면 근처에서 개체들이 더 쉽게 뒤섞인다고 가정할 때, 이성을 만날 기회도 수심이 얕은 바다에서 더 많다.

그렇다면 왜 굳이 심해에서 사는가? 상식적으로 볼 때 영원히 어둡거나 빛이 희미하게만 들어오는 환경은 해수면을 지배하는 눈에 띄는 포식자들로부터 몸을 숨길 수 있는 피난처이다. 이런 회피 전략은 반대로도 작용한다. 표층에 사는 일부 엄청난 수의 요각류는 가을에 유광층 아래(수심 200미터 아래)로 이동한다. 먹이가 귀한 겨울에 잡아먹힐 가능성을 줄이기 위해서이다. 그러다가 먹이가 풍부한 봄과 여름에는 먹이를 찾고 생식을 하기 위해 얕은 바다로 돌아온다. 그러나 한곳에 너무 오래 머무는 것은 심각한 결과를 초래할 수 있다. 향유고래, 바다사자, 인상적인 개복치, 그리고 일부 바닷새 같은 표층의 포식 동물들은 먹잇감을 따라 깊은 곳까지 들어갈 수 있기 때문이다. 이들 중 일부는 해수면에서 들이마신 숨에 의지해 수심 1,200미터까지 내려가 심해 동물들이 동면하는 층에서 먹이를 찾아낸다. 또 다른 경우에는 젤라틴질의 동물 플랑크톤과 심해 어류같이 눈에 띄지 않는 포식동물들이, 매일 이동을 감행하는 동물들을 잡아먹는다. 이

포식자들은 수직회유 동물들이 내려오기를 숨어서 기다리다가 공격한다. 약광층(弱光層)에서 몸을 숨기고 포식 동물들을 피하는 일이 항상 쉬운 것만은 아니다.

눈에 띄고 예측 가능한 심해 생물의 대규모 이동은 근본적으로 다른 해양 유기체의 삶을 바꿔놓는다. 전 세계적으로 수많은 동물들의 수직회유가 만들어내는 확실한 결과 중 하나는 천해에서 놀랄 만큼 많은 양의 동식물이 잡아먹힌다는 사실이다. 따라서 이동 동물들이 심해로 돌아오면 표층과 심해를 이어주면서 엄청난 양의 먹이가 아래로 보내진다. 그러나 얼마나 많은 물질이 옮겨지고, 얼마나 깊은 곳까지 운반되는지, 혹은 얼마나 많이 재순환되는지 정확하게는 아무도 알지 못한다. 어째서일까? 과학자들은 수수께끼 퍼즐 조각을 다 모을 수가 없었다고 대답할 것이다. 바다는 광활한 서식지이다. 심해는 이 행성 표면의 3분의 2를 덮고 있으며 그 부피의 약 99%를 차지한다. 아직까지 우리는 모든 곳을 다 조사할 수 있을 정도로 기술이 충분하지 않다. 그러나 매년 해양 환경에는 훨씬 더 많은 복잡한 도구들이 설치되어 엄청난 양의 데이터를 기록하고 있다. 그 어느 때보다도 많은 정보가 만들어지기는 하지만 수수께끼는 여전히 많이 남아 있다. 다만, 우리는 신종을 발견할 때마다 아직도 발견될 종들이 수백 가지는 될 것이라는 사실만큼은 확실히 깨닫고 있다. ●

Caulophryne jordani
부채지느러미바다악마 Fanfin seadevil

크기 | 25cm(감각섬유 제외)
수심 | 700~3,000m

절대 표층 가까이로 나타나는 법이 없는 이 괴물은 빛의 투과 한계선인 700미터 아래에 꼼짝 않고 숨어 있다. 학명은 그리스어원으로 '줄기로 장식한 두꺼비'란 뜻이다. 무수히 많은 감각섬유를 통해 물의 미세한 움직임도 감지해내는 이 동물의 특징을 잘 보여주는 이름이다. 이 사진 속의 아귀는 한눈에 암컷임을 알 수 있다. 수컷은 이보다 훨씬 작다. 이 종은 거의 잡히지 않으며, 관찰하는 것도 쉽지 않다.

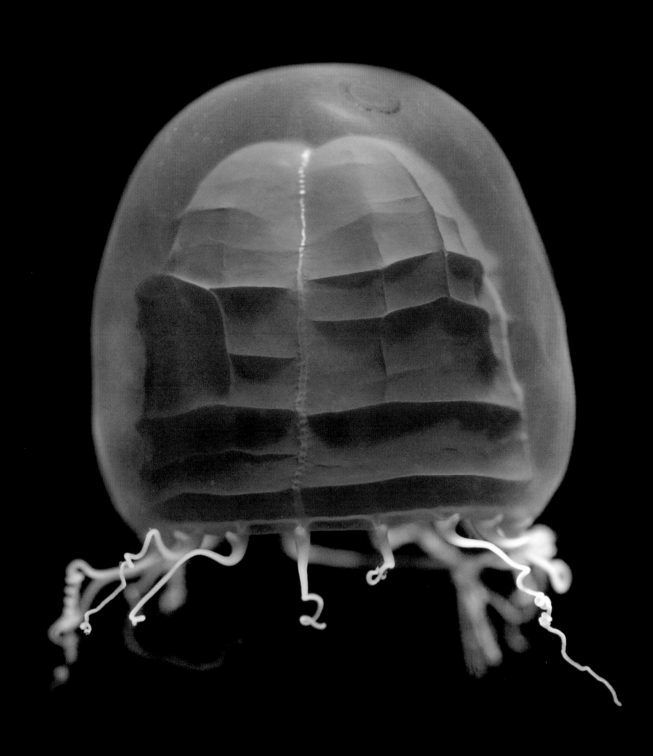

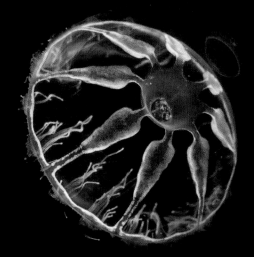

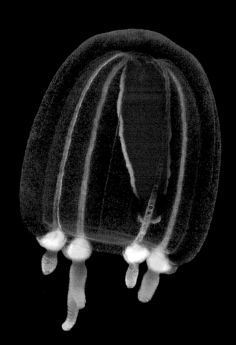

Pandea rubra
붉은종이 초롱해파리
Red paper lantern medusa

크기 | 15cm
수심 | 550~1,200m

젤라틴질 동물에게는 매우 드물게도 붉은 종이초롱해파리는 선홍색 갓을 구겨 접거나 형태를 직각으로 구부릴 수 있는 능력이 있다. 매우 희귀한 이 해파리가 미국에서 처음 관찰되었을 때 해양 연구선에 탑승했던 과학자들은 그것을 신종으로 생각했다. 이 생물의 변화된 형태는 일본의 종이접기를 연상시켜 '오리가미해파리'라고 불렸다. 뒤늦게 과학자들은 이미 생물학자 듀걸 린지가 일본에서 이 놀라운 생물에게 이름을 붙여주었다는 사실을 알게 되었다.

왼쪽
위 Botrynema brucei 경해파리류
가운데 Euphysa flammea 꽃해파리류
아래 미확인 종

매년 과학자들은 알려지지 않은 수많은 젤라틴질 생물들을 발견하지만, 분류학적으로 신종으로 기록되기 위해서는 동일한 유기체가 서너 차례는 잡혀야만 한다. 그러나 관찰은 흔히 일회성에 그친다. 가장 하단에 보이는 해파리가 그런 경우이다. 이 해파리가 살아 있는 유기체의 분류도에서 자기 자리를 찾으려면 참을성 있게 기다려야 한다.

뒷장 양면

Leuckartiara sp.
꽃해파리류

크기 | 10cm(촉수 포함)
수심 | 0~200m

해파리들은 놀라운 색과 형태를 지닌다. 오믈렛같이 생긴 노란 덩어리 안에는 입은 물론 생식기관까지 들어 있다. 이 해파리는 뒤에 긴 촉수를 끌고 다니며 먹이를 잡는다.

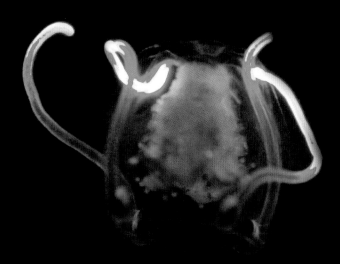

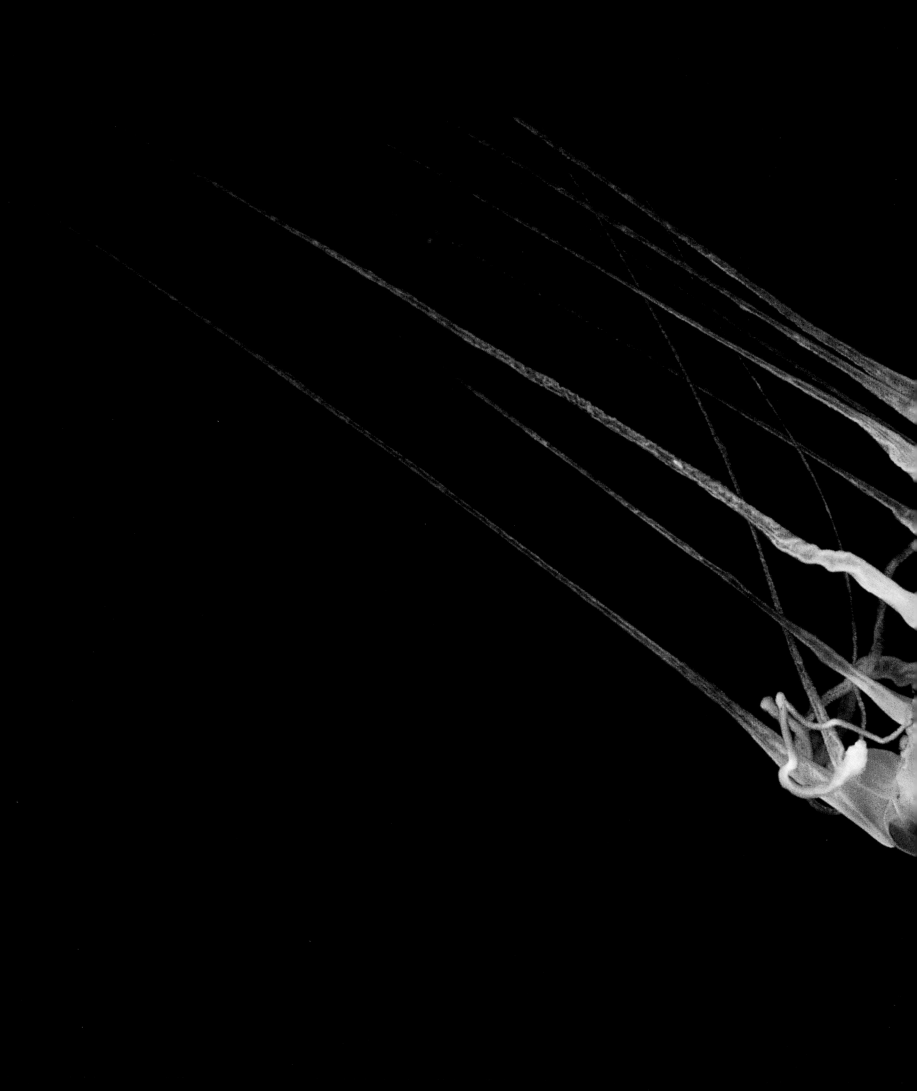

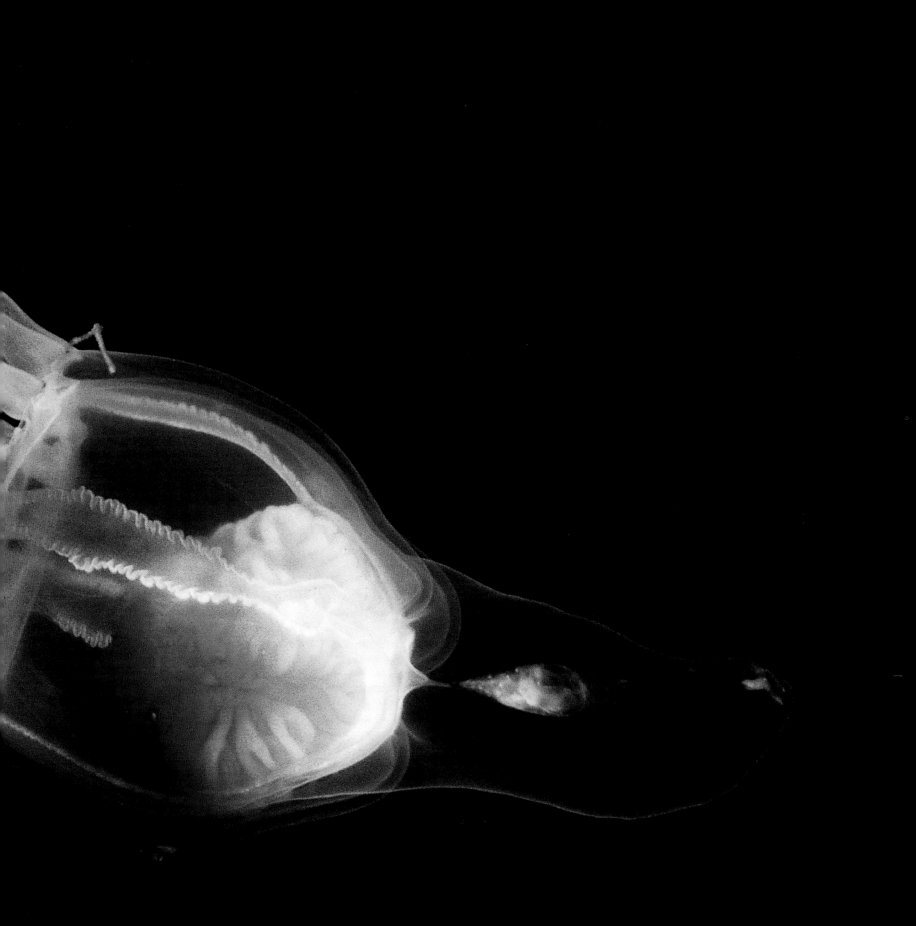

수심 약 200미터 아래 바다에는 식물이 없다. 온통 동물 혹은 광물뿐.

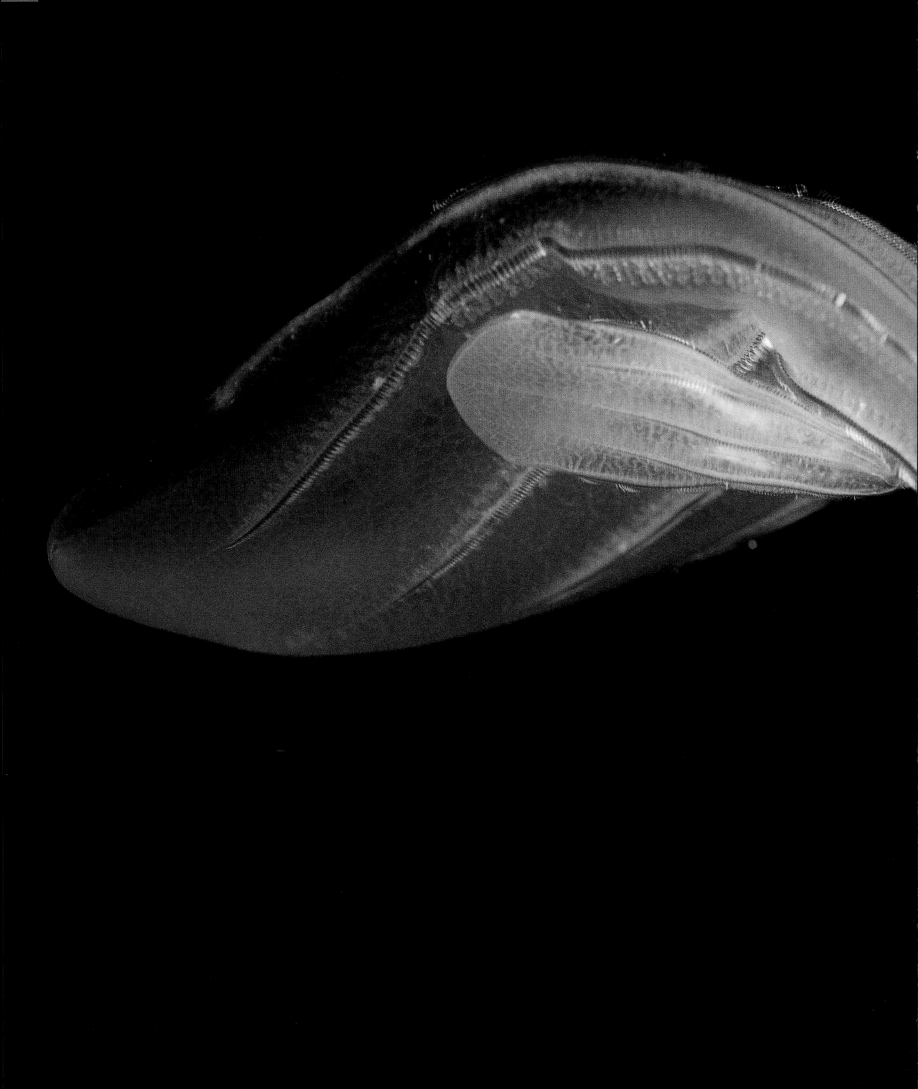

앞장 양면 왼쪽

Histioteuthis sp.
보석오징어 Jewel squid

크기 | 25cm
수심 | 400~1,200m(낮), 0~400m(밤)

이 오징어는 특히 복잡한 발광기관을 가지고 있다. 발광포에는 필터, 반사층, '눈꺼풀'이 달려 있다. 덕분에 보석오징어는 현재 수심과 주변의 밝기에 따라 발광 시간과 강도를 미세하게 조절하거나 빛을 완전히 끌 수 있다.

앞장 양면 오른쪽

Stereomastis sp.
십각류

크기 | 10cm
수심 | 0~5,000m

구겨진 투구 모양의 이 희한하고 작은 생물은 종종 심해 저인망에 잡히는 저서성 갑각류 중 하나로 눈이 보이지 않는다. 이 생물이 '날아서' 물기둥까지 도달할 수 있는 것은 아마도 부푼 껍데기 안에 생성된 공기 주머니 덕분일 것이다. 이렇게 도달한 물속에서 수백억 마리의 다른 유생들과 함께 생장한다. 여러 가지 돌연변이를 거쳐 성체의 크기에 이르면 더 깊은 심해로 내려가 성체로서 살아간다.

왼쪽

Beroe forskalii
오이빗해파리류

크기 | 10cm
수심 | 0~120m

빗해파리들은 98%의 물과 약간의 근육, 신경, 그리고 이것들을 붙들어주는 콜라겐으로 이루어져 있다. 뇌와 눈은 없지만 자기 몸집만 한 크기의 먹이를 삼킬 수 있는 포식자가 되는 데 전혀 무리가 없다.

맞은편

Stauroteuthis syrtensis

발광빨판문어 Glowing sucker octopus

크기 | 최대 50cm

수심 | 700~2,500m

지느러미가 있는 이 문어는 종종 몸을 부풀려 발레용 스커트처럼 만든다. 이와 같은 공 모양의 자세는 휴식 자세일 수도 있지만, 일종의 포식자다운 방어 자세일지도 모른다. 시끄럽고 번쩍거리는 장치로 고요한 휴식을 방해하는 공격적인 침입을 고려해보면 그리 놀라운 일만은 아니다.

"이 세계를 실제로 본 사람은 누구라도 기억 속에

그 이미지를 영원히 가지고 있을 것이다.

고립과 우주의 냉기, 영원한 어둠 그리고 무엇보다도

이곳에 사는 형용할 수 없이 아름다운 거주자들 때문에."

윌리엄 비비, 1935년

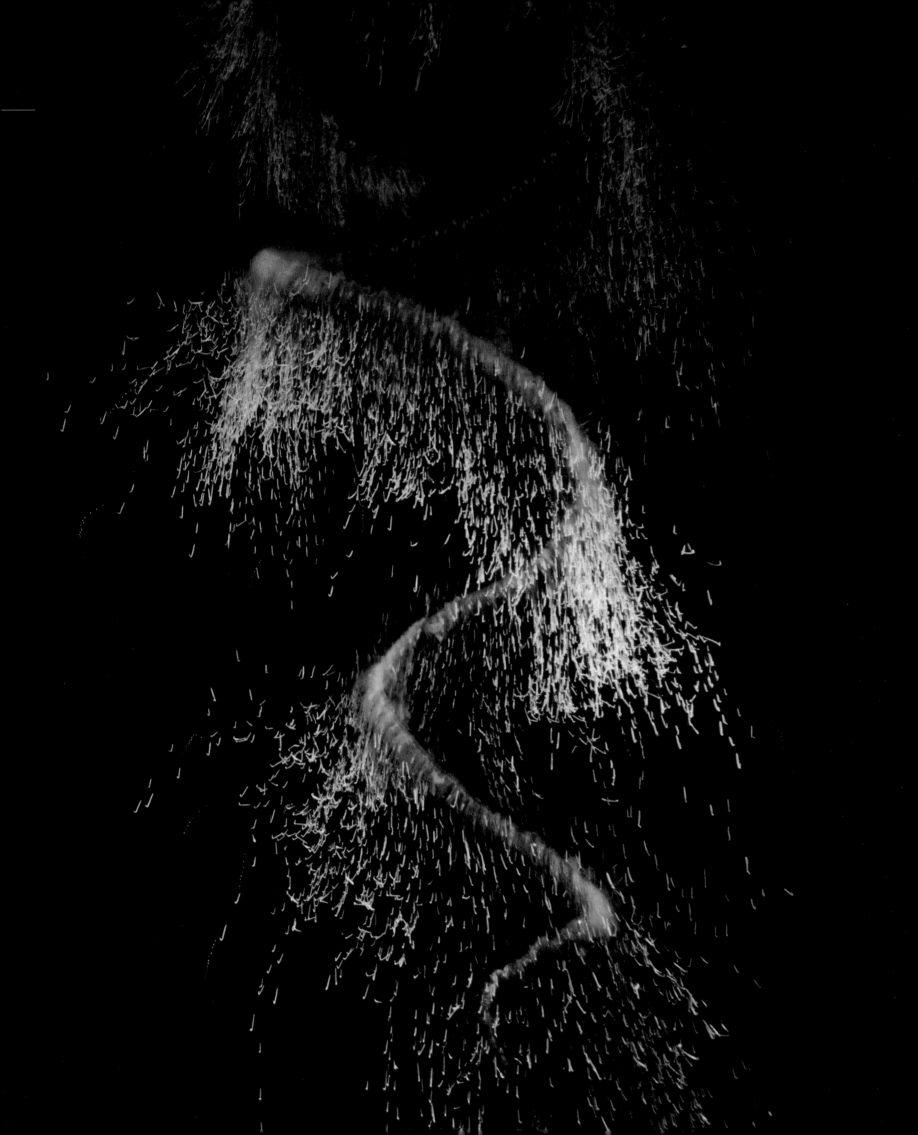

바다의 살아 있는 불빛

이디스 위더 Edith Widder **박사**

미국 해양연구보존협회

심해는 흔히 '영원한 암흑의 세계'로 묘사된다. 그러나 그건 거짓말이다. 태양광선이 수심 1,000미터보다 더 아래까지 들어가지 않는다는 게 사실이긴 하지만 그렇다고 저 아래가 완전히 빛이 없는 세계인 것은 아니다. 사실 그곳에는 엄청나게 많은 빛이 존재한다. 그것은 동물이 스스로 만들어내는 빛으로, 생명을 유지시켜주는 많은 기능을 수행한다. 먹이를 찾기 위한 빛도 있고, 짝을 유혹하는 빛도 있으며, 방어를 위한 빛도 있다. 이 모든 빛은 생물발광이라고 하는 화학 과정을 통해 생성된다. 육상에서 빛을 만들어낼 수 있는 생물은 소수에 불과하다. 반딧불이와 발광벌레가 가장 잘 알려진 예지만 지렁이, 방아벌레, 달팽이, 지네, 균류 등 소수의 다른 예도 있다. 그러나 이들은 비교적 드물어서 자연의 균형에 중요한 역할을 하지는 않는다. 이와는 대조적으로 바다에서는 수많은 동물들이 빛을 만들어낸다. 어떤 드넓은 지역에서는 어망에 잡힌 동물의 80~90%가 빛을 만들어내기도 한다. 바다에서 생물발광은 예외적인 현상이라기보다는 법칙이다.

빛을 만들어내는 동물들이 바다에 그토록 많은 이유는 해양의 시각적 환경 특성과 관련이 있다. 우리 행성에서 가장 큰 생명의 공간이며 해안에서 떨어진 광활한 외해에는 동물들이 몸을 숨길 만한 나무나 관목이 없다. 그러나 땅과 마찬가지로 피식자들은 포식자로부터 스스로를 지켜야 한다. 어떤 동물들은 몸을 투명하게 해서 자신을 숨기고, 또 어떤 동물들은 낮에는 어둡고 깊은 심해로 내려갔다가 밤의 어둠을 틈타 먹이가 풍부한 표층으로 올라오는 방법을 취해 자신을 숨긴다. 그리고 또 다른 동물들은 햇빛이 투과하지 않는 깊이의 바다에 머물면서, 심해로 가라앉거나 헤엄쳐 내려오는 먹이를 먹고 산다.

수많은 해양 생물 사이에 빛을 만들어내는 능력이 그렇게 널리 퍼져 있는 이유는 이들이 어둠 속에 숨어 생존하기 때문이다.

일생 동안 햇빛을 피하면서 사는 동물에게 체내의 전조등은 매우 간편한 도구가 될 수 있다. 수많은 어류, 새우, 오징어 등이 전조등을 사용하여 먹이를 찾고 짝에게 신호를 보낸다. 전조등은 눈 아래, 뒤 또는 앞에 있을 수 있다. 이런 수많은 전조등에는 빛을 밖으로 내보내는 것을 도와주는 반사력 뛰어난 표면이 있는데, 이는 자동차 전조등과 매우 흡사하다. 일부 자동차의 경우처럼 어떤 전조등은 사용하지 않을 때에는 아래로 돌려서 눈에 띄지 않게 할 수도 있다. 이것은 반사면을 숨기고 어류가 암흑 속에 더 잘 섞일 수 있게 해주는 간편한 방법이다. 바다에 있는 대부분의 전조등은 푸른색이다. 푸른색은 바닷물에서 가장 깊은 곳까지 도달하는 색으로, 대부분의 심해 동물들이 볼 수 있는 유일한 색이기도 하다. 하지만 아주 흥미로운 예외도 있다. 발광멸류는 붉은 전조등을 가지고 있는데, 이런 빛은 발광멸류에게는 보이지만 대부분의 심해 동물에게는 보이지 않는다. 발광멸류는 먹이에게 몰래 다가갈 때 붉은빛을 마치 적외선 조준기처럼 이용하는데 동물들은 전혀 의심하지 않고 볼 생각도 하지 않는다. 또한 발광멸류는 멀리 있는 것을 볼 때 상향등처럼 사용할 수 있는 푸른 전조등도 가지고 있다.

다른 동물들은 반짝이는 유인 장치로 먹이를 꾀어내기도 한다. 상층부에서 비처럼 쏟아지는 배설물과 부패하는 먹이 대부분은 발광 박테리아로 뒤덮여 있다. 따라서 반짝거리는 유인 장치를 먹이로 쉽게 착각하기도 하는데, 그것은 먹이가 아니라 날카로운 이빨로 가득한 입 안에서 갑작스럽게 맞이하는 죽음을 뜻한다. 이런 유인 장치는 동물들의 머리 꼭대기나 뺨에 낚싯대 모양의 돌기에 있다. 심지어 풍선장어(Saccopharynx)와 같은 일부 종에게서는 아주 기다란 꼬리 끝에서 발견되기도 한다.

빛은 방어 목적으로도 이용된다. 수심 200~1,000미터 사이의 약광층에 살고 있는 많은 동물들은 생물발광으로 몸의 윤곽을 보이지 않게 하는 위장술을 쓴다. 멀리

맞은편

미확인 종
불꽃놀이관해파리
Fireworks physonect siphonophore
크기 | 45cm
수심 | 700m

먹이를 먹을 때 이 관(管)해파리가 만들어내는 장관은 멋진 불꽃놀이처럼 보인다. 수천 개의 유독한 생물발광 촉수를 과시하며 그 치명적인 덫으로 먹이를 유인하기 때문이다. 이 젤라틴질 생물의 구조는 기본적으로 해파리 수백 마리가 하나의 중앙선을 따라 집단을 이뤄 살고 있는 군체와 같다.

서 보면, 이들이 복부에 있는 발광포(발광기관)로 만들어 내는 빛이 표층으로부터 희미하게 내려오는 빛의 색과 강도에 정확하게 일치된다. 구름이 해를 가리면 어류, 상어, 오징어, 새우 등은 복부의 빛을 희미하게 만들거나 아래로 헤엄쳐 내려가 그 완벽한 일치가 유지되게 한다. 이런 위장술을 쓰는 어류 중 하나가 심해 앨퉁이류인 키클로토네 아클리니덴스(Cyclothone acclinidens)이다. 이 물고기는 너무나 흔해서 지구에서 가장 많은 척추동물로 여겨지고 있다. 상상해보라! 척추를 가지고 있고 그 수가 가장 많은 동물, 그런데 대부분의 사람들이 이 동물을 보지도 듣지도 못했다니!

먹이동물들이 흔히 쓰는 또 다른 방어술은 오징어나 문어가 먹물을 쏘는 것처럼 포식자의 얼굴에 형광 화학 물질을 방출하는 것이다. 빛이 포식자의 눈을 멀게 하거나 관심을 흐트러뜨리는 사이, 먹이동물은 어둠 속으로 유유히 사라진다. 새우와 오징어가 그러하듯 많은 해파리들이 이 방법을 쓴다. 발광관물고기(Sagamichthys abei)라고 하는 어류는 심지어 가슴지느러미 바로 위에 있는, 살집이 있고 뒤쪽을 향해 있는 관에서 발광물질을 발사할 수 있다.

방어용 빛의 또 다른 용도는 도난 경보기 같은 것이다. 자동차의 요란한 경적과 반짝이는 빛은 원치 않는 관심을 끌기 때문에 도둑의 기를 꺾어놓기 마련이다. 생물 발광의 현란한 과시도 같은 목적을 지닌다. 포식동물에게 잡혔을 때 공격자를 공격할 더 큰 포식동물의 관심을 끄는 게 먹이동물의 유일한 탈출 희망이 될 수도 있다. 바다에서 가장 장관인 빛의 쇼 중 일부는 도둑 경보인 셈이다. 가장 좋은 예 중 하나가 아톨라속(Atolla sp.)에 속하는 흔한 심해 해파리들이 보여주는 회전 과시이다. 그 모습은 직접 눈으로 봐야만 믿을 수 있다. 어두운 심해에서 아톨라 해파리는 100미터 이상 멀리 있는 포식자의 관심을 끌 수도 있다.

생물발광은 해수면에서 해저까지, 그리고 해안에서 해안까지 세상의 모든 바다에서 일어난다. 동물들이 어떻게 빛을 이용하는지에 대해서 올바르게 아는 것은 우리 생물권의 99% 이상을 대표하는 이 생태계를 이해하는 중요한 열쇠이다. 서로 다른 동물로부터 추출된 다양한 빛 생성 화학물질들은 의학 및 유전 연구에도 엄청난 가치를 지니고 있는 것으로 밝혀졌다. 해양의 살아 있는 빛은 아름답고 신비롭고, 인간에게 유익하며, 그것을 가지고 있는 동물들에게는 절대적으로 중요하다. ●

맞은편
미확인 종 아귀류

크기 | 15cm
수심 | 1,000~4,000m

아귀류는 160종이나 되지만 이 사진과 같은 새로운 표본을 보면 아직도 알려지지 은 아귀가 심해에 많이 있음을 알게 된다. 모든 아귀는 수백만 마리의 발광 박테리아가 기생하는 유인 장치를 가지고 있는데, 이것을 마치 낚싯대처럼 이리저리 흔들어대며 깜빡인다. 심해의 암흑 속에서 반짝이는 유기물 먹이를 발견했다고 생각한 동물들은 유인 장치에 이끌려 이내 아귀의 무시무시한 입 속으로 들어간다.

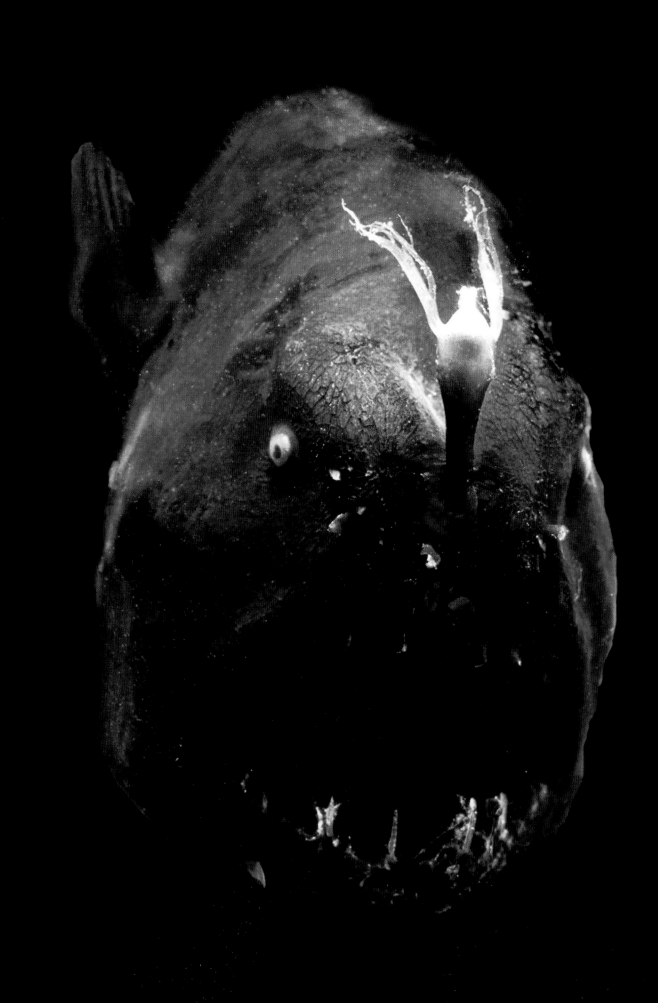

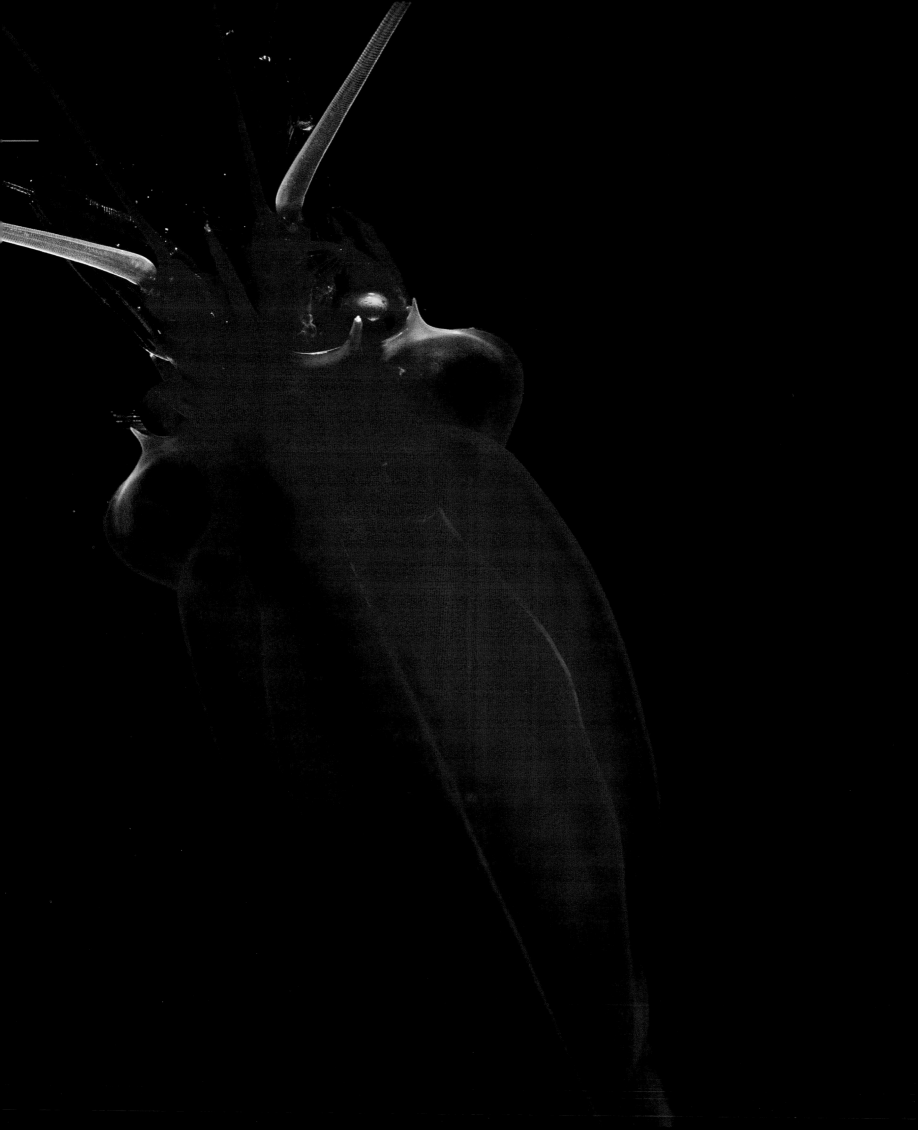

맞은편

Gnathophausia zoea
곤쟁이류

크기 | 10 cm
수심 | 400~900 m

물 밖에서 보면 이 곤쟁이류의 특이하고 초현실적인 붉은색은 너무나 강렬해서 마치 안에서부터 빛이 나는 것처럼 보인다. 붉은색 파장은 물이 가장 먼저 흡수하는 파장으로서, 새우의 친척인 이 생물이 살고 있는 심해에서 그 몸은 완전히 까맣게 보인다. 이런 위장이 실패하여 포식자의 방해를 받게 되면 이 동물은 푸른빛의 생물발광 입자를 분비하여 적을 놀라게 하고 교란시킨다.

뒷장 양면 왼쪽

Colobonema sericeum
비단해파리 Silky medusa

크기 | 5 cm
수심 | 500~1,500 m

이 수줍고 작은 해파리는 공격을 받으면 갑자기 몸체에서 떨어져 빛을 발하는 끝이 하얀 촉수 때문에 쉽게 분간할 수 있다. 포식자가 다시 정신을 차릴 즈음이면 비단해파리는 이미 암흑 속으로 사라진 다음이다.

뒷장 양면 오른쪽

Tomopteris sp.
부채발갯지렁이류

크기 | 몇 mm에서 30 cm까지
수심 | 0~4,000 m

토몹테리스속(Tomopteris)에는 몇 가지 종들이 있는데, 빨간색에서 오렌지색, 보라색에서 완전한 투명에 이르기까지 그 색이 다양하다. 색은 종을 구분 짓는 특징이 아니며, 영양 상태에 따라 달라진다. 모든 종에서 공통으로 나타나는 특징은 노르스름한 생물발광 액체를 부속지의 꼭대기에 있는 샘에서 분출할 수 있다는 점이다. 동물 대다수가 만들어내는 생물발광은 푸른색인데, 그 이유는 심해 동물들의 눈이 푸른색을 쉽게 감지하기 때문이다. 이 벌레류의 이웃들이 실질적으로 감지할 수 없는 노르스름한 빛의 목적이 무엇인지는 여전히 수수께끼로 남아 있다.

"숨어 있는 이 심해 환경은 지구의 다른 모든 서식지를
더욱 작아 보이게 한다.
심해는 모든 곳의 생명체들이 양분을 취하는
궁극적인 보고이다."

로버트 D. 밸러드, 2000년

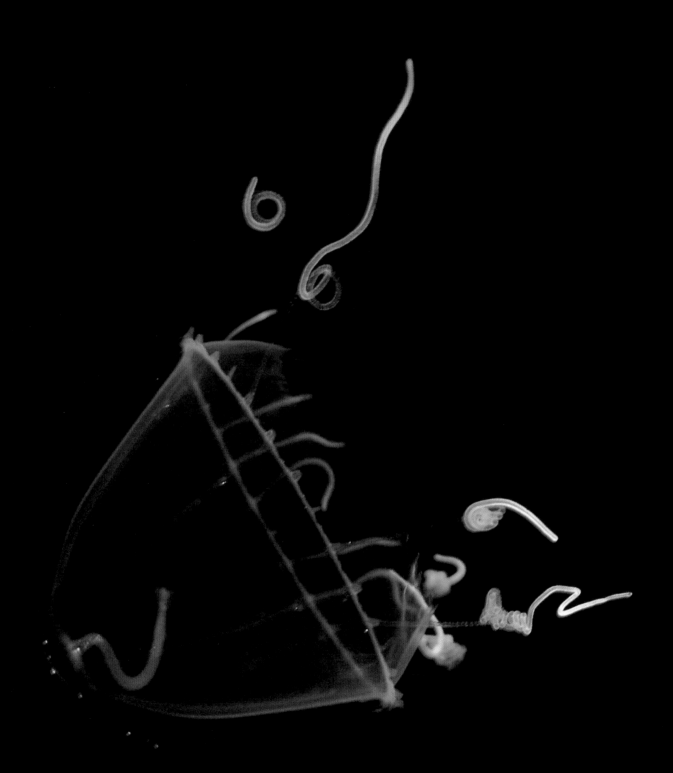

심해 동물의 90%가 스스로 빛을 만들어낸다.

의심할 것도 없이, 생물발광은 이 행성에서 가장 널리 활용되는 의사소통 방법이다.

의심할 것도 없이, 생물발광은 이 행성에서 가장 널리 활용되는 의사소통 방법이다.

딱 걸린 진화의 현장

생명의 진화는 거대한 퍼즐 같다. 그중 스타우로테우티스 시르텐시스(*Stauroteuthis syrtensis*)는 매우 중요한 조각을 차지한다. 이 희귀한 문어는 빨판(흡반)에서 반짝거리는 물질을 방출할 수 있다. 다른 문어들은 기저층에 붙어 있거나 이매패류같이 저항하는 먹이를 제압하기 위해 빨판을 사용하지만,

이 발광빨판문어는 심해의 새로운 조건에 완전히 적응하면서 빨판의 또 다른 용도를 찾아냈다. 먹이 문제에서 벗어나기 위해 이 문어는 난감한 심해의 암흑 속에서 먹이를 뒤쫓기보다는 유인하는 방법을 쓴다.

이 생물은 해저에서 수십 혹은 수백 미터 떨어진 지점에서 살기 때문에 흡착성 있는 빨판이 필요하지 않다. 대신 빨판을 각각의 조그마한 전등으로 진화시켰는데, 이런 전략은 이 문어가 섭취하는 먹이에 특히 잘 적응한 결과이다. 이 문어는 거의 전적으로 요각류만을 먹는데, 작고 풍부한 플랑크톤 갑각류는 시력이 뛰어나서 곤충들이 전조등에 달

라붙듯이 광원에 이끌린다. 스타우로테우티스 시르텐시스는 극모—외투막 아래 손가락같이 생긴 날씬한 부속지—의 도움을 받아 다리 사이사이에 점액질의 그물을 분비한다. 갑각류들은 생물발광으로 나오는 빛에 다가가다가 그만 끈적거리는 그물에 잡히고 만다. 플랑크톤을 먹는 고래처럼 이 문어도 먹이의 크기가 작은 것을 보상하려면 엄청난 양을 먹어야만 한다. 오징어, 꼴뚜기 등과 같은 다른 두족류에게는 빛을 만들어내는 발광포가 많

이 있지만 문어의 경우는 극히 드물다.

생물발광의 기원과 진화를 연구하는 것은 무척 어려운 일이다. 기관이 빛을 만들어내기 위해 원래의 기능에서 어떻게 조정 혹은 변화되었는지를 알려주는 화석 기록이 없기 때문이다. 스타우로테우티스 시르텐시스는 원래 수면 근처에 살던 동물들이 어떻게 심해에서 성공적으로 군집을 형성하게 되었는지를 이해하는 데 도움이 되며, 이런 군집 형성은 심해 종들의 진화에서 매우 중요한 단계를 차지한다. ●

앞장 양면
Thaumatichthys binghami
이리덫아귀류 Wolftrap angler

크기 | 9cm
수심 | 2,432m

이 물고기는 희귀한 것만큼이나 희한하다. 다른 아귀들은 낚싯대나 수염같이 생긴 생물발광 유인 장치를 가지고 있지만, 이 아귀는 발광기관을 입 속의 길고 날카로운 이빨 사이에 감추고 있다. 아래턱보다 훨씬 앞으로 튀어나온 위턱 때문에 마치 깜빡 잊고 마우스가드를 벗지 않은 럭비 선수 같아 보인다. 지금까지 잡힌 표본은 겨우 30여 개에 불과하다.

맞은편, 아래, 뒷장 양면
Stauroteuthis syrtensis
발광빨판문어 Glowing sucker octopus

크기 | 최대 50cm
수심 | 700~2,500m

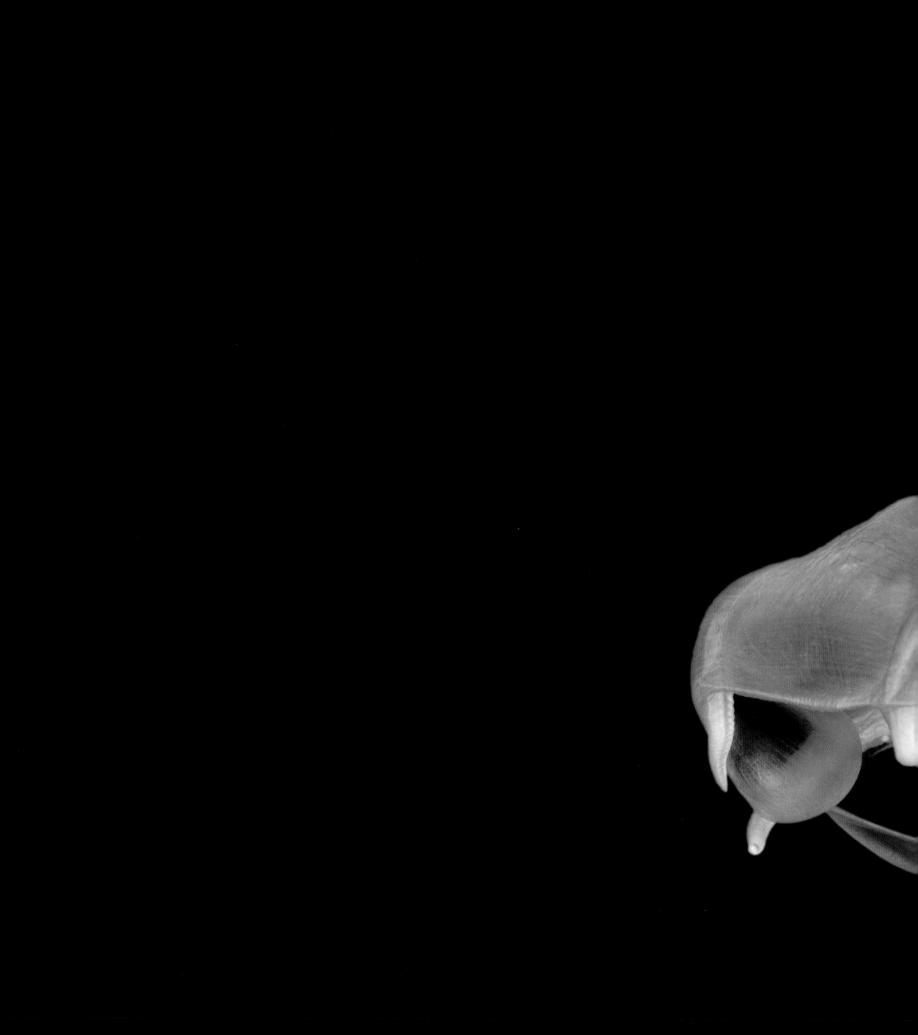

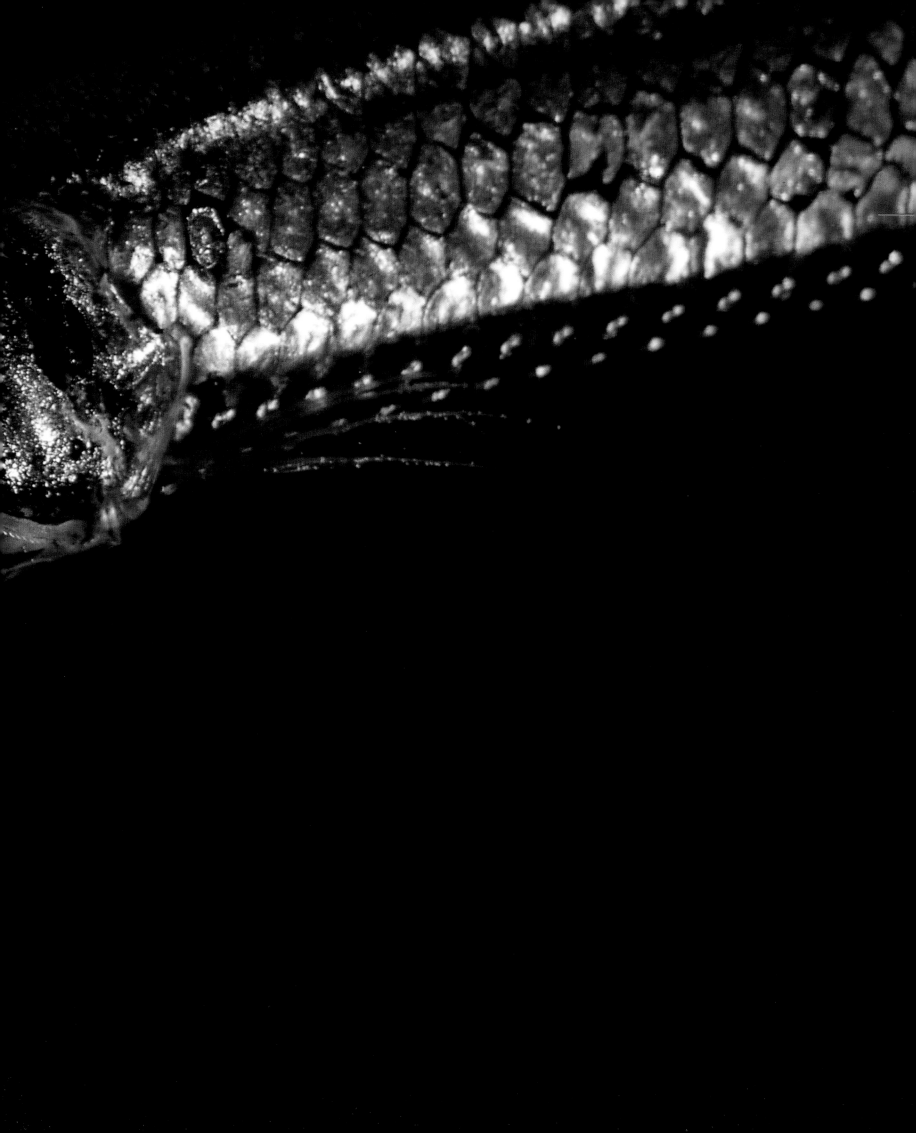

크기 | 약 20cm(촉완 포함)
수심 | 80~500m

이 화려한 오징어는 바다 속 작은 보석이다. 몸체를 뒤덮고 있는 다양한 보석은 반사력이 뛰어난 발광포이다. 보랏빛 색소로 덮인 이들 발광포는 빛을 걸러내는 역할을 하는 것으로 보이며, 이를 통해 이 오징어가 뿜어내는 빛이 주변 빛의 스펙트럼과 정확하게 일치한다. 이러한 복잡한 위장술때문에 진주오징어는 거의 눈에 띄지 않는다.

"칸트로 하여금 경외심을 갖게 하던 두 가지는

머리 위에 별들이 총총 박힌 하늘과 인간의 마음속 도덕성이

우리의 철학자가 심해정을 타고 잠수를 했더라면,

그의 목록에는 분명 세 번째 '세계의 불가사의'가 추가되었을 것이

그것은 바로 심해의 밤을 수놓는 생물발광 불빛이 펼치는

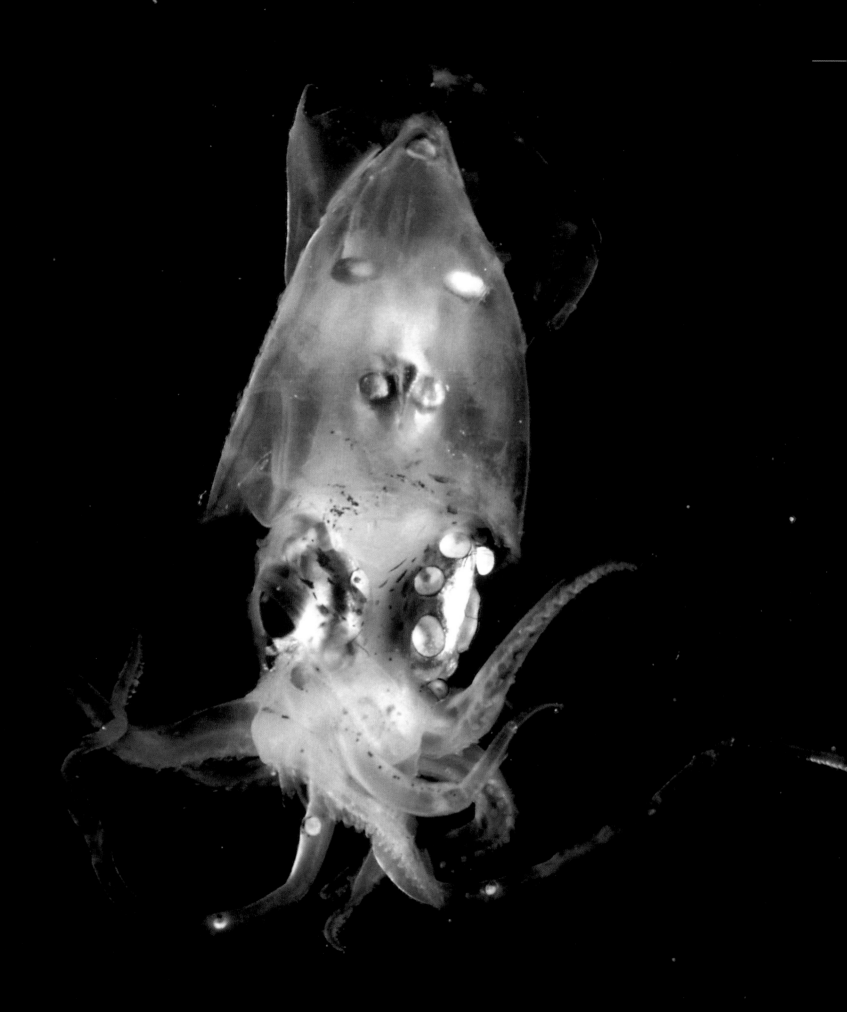

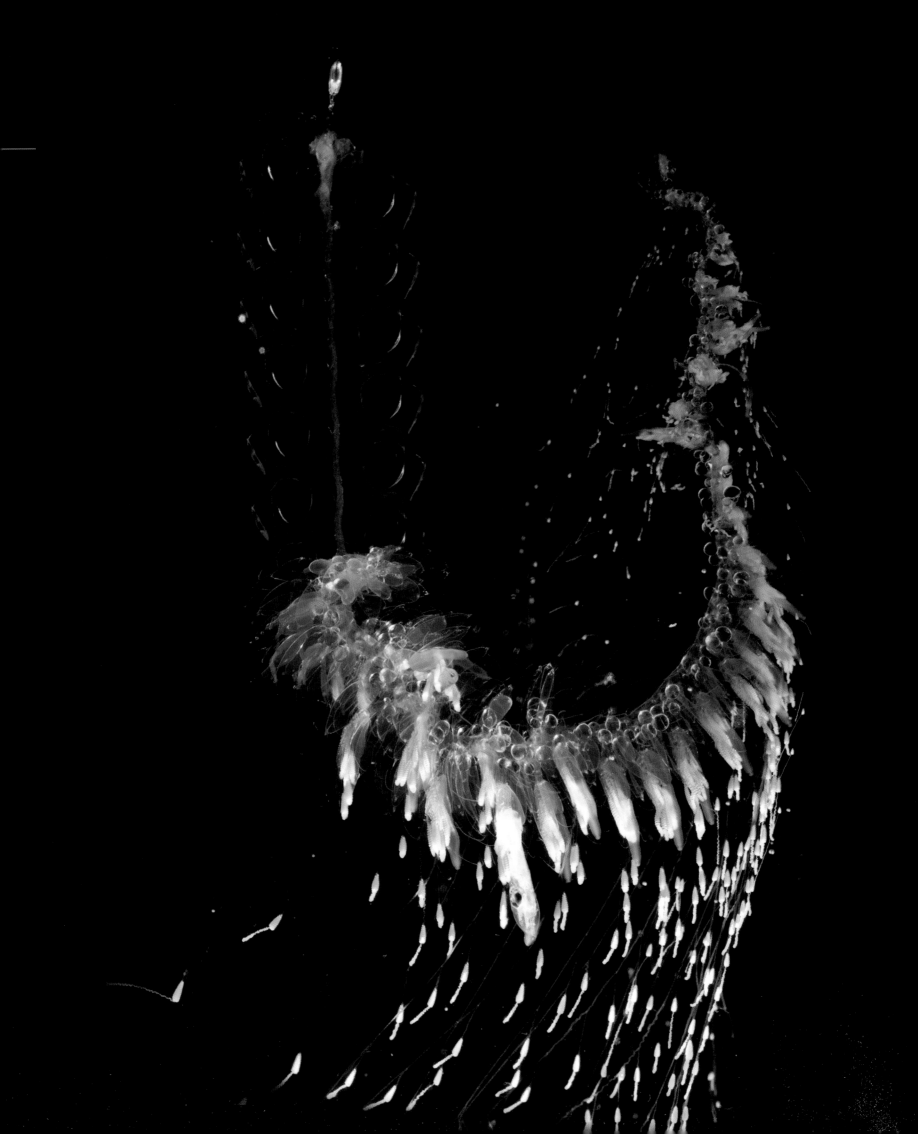

물렁하지만 게걸스러운 포식자들

로런스 매딘Laurence Madin 박사

미국 우즈홀 해양연구소

그물과 저인망을 발명한 이래 인간은 수많은 어류, 두족류와 함께 형체가 없고 속이 다 드러나 보이는 다양한 젤라틴질 덩어리도 건져 올렸다. 그러나 과학자들은 그게 무엇인지 알아내는 데 어려움을 겪었고, 또 종종 무시하기도 했다. 때로는 그런 덩어리가 해파리처럼 식별 확인이 가능하기도 하지만, 몸의 기본적인 체제를 알아보고 다른 동물과 구분하는 것조차 불가능한 경우가 종종 있다. 그다지 매력적이지 않은 이 젤리 같은 덩어리는, 자연의 물속 환경에서만 그 진정한 아름다움을 과시할 수 있는 놀랍고 섬세한 생물이 불공평하게 육지로 나왔을 때의 모습인 것이다. 이들 젤라틴질 유기체의 다양함이 갖는 중요성은 스쿠버다이빙을 하고 해저 탐사 장치가 개발되기 전까지 엄청나게 과소평가되었다. 지난 30년간 발견된 바에 따르면 이 투명한 생명체는 처음 알려졌던 것보다 훨씬 더 많고, 게걸스럽고, 널리 퍼져 있으며, 지금은 외해의 상당 부분에서 압도적인 포식자로 여겨질 정도이다. 젤라틴질 무척추동물은 온갖 곳에 다 존재하고 있어서, 때로 일부는 다른 젤라틴질 종을 주로 먹는 닫힌 포식사슬을 형성하기도 한다.

이들은 누구인가? 이들은 관(菅)해파리, 해파리, 메두사, 빗해파리, 달팽이, 벌레류, 그리고 심지어 일부 어류의 유생(幼生)이다. 대부분의 해파리류는 속이 다 들여다보이는 조직을 가지고 있는데, 95% 이상이 바닷물로 이루어져 있고, 몸을 붙들어놓을 수 있을 만큼의 근육과 표피, 신경을 가지고 있다. 뼈나 이빨, 뇌, 발이 없는 연약하고 투명한 일부 젤라틴질 동물들은 바다에서 가장 게걸스러운 포식자이기도 하다. 해파리와 관해파리—이들은 산호와 말미잘의 표영성 친척이다.—와 같은 이런 '조

직화된 물' 중 많은 수는 자신의 부드러운 몸을 보호하면서 먹이를 잡아 죽이기 위해서 매우 강력한 유독성 무기를 개발했다. 우아한 해파리나 메두사들은 때때로 유독성 촉수를 수십 미터에 걸쳐 늘어뜨리기도 한다. 관해파리는 특화된 각각의 부분이 합쳐진 생물이다. 즉 어떤 부분은 이동만을 위한 것이고, 어떤 부분은 포획과 소화, 또 어떤 부분은 방어, 생식을 위한 것이다. 크기도 매우 다양하여 길이가 몇 밀리미터에서 40미터에 달하기도 한다. 유즐동물, 즉 빗해파리는 독침 대신 끈적이는 세포를 써서, 지나가는 다른 젤라틴질 동물들과 작은 갑각류 심지어 어류를 잡는다. 빗해파리는 줄지어 있는 노같이 생긴 빗판을 이용해 물에서 이동한다. 빗판들은 빛을 여러 색으로 분해하여, 헤엄치는 빗해파리를 계속 뒤바꾸는 무지개 빛깔로 감싸버린다. 좀 더 깊은 바다의 빗해파리 종들은 크기가 더 크고 촉수가 길며, 섬세한 조직으로 이뤄진 커다랗게 확장된 엽(葉)을 가지고 있는데, 이것을 펼치면 어두운 물속에서 부주의한 먹이동물을 잡는 조용한 덫이 되기도 한다.

표층에서 젤라틴질 동물들은 모두 공통적인 특징을 지니고 있다. 이들 모두 몸체가 투명하여 거의 완벽하게 포식자들의 눈에 보이지 않는다는 점이다. 이 투명한 동물들의 일부 단골 포식자들이 오징어처럼 편광 시각—이들의 눈은 먹이의 투명한 몸을 통과하는 빛의 편광 변화를 감지할 수 있다.—을 이용하여 먹이동물의 위장술을 간파해낸다는 사실이 최근 발견되기 전까지는 최소한 그렇게 생각했다. 수심 500미터 아래로 더 깊이 내려가면 많은 젤라틴질 동물들은 반대로 몸의 조직을 검은색이나 붉은색으로 어둡게 한다. 흑색과 적색은 이 정도 깊이에 사는 동물들 대부분이 만들어내는 청녹색의 생물발광을 흡수하는데, 이렇게 해서 특히 위장 속으로 들어간 먹이가 혹시라도 만들어낼지 모르는 생물발광 불꽃까지 모두 감춰버린다.

어떤 곳에서는 주변의 먹이 대부분을 없앨 수 있을 정도로 젤라틴질 동물들이 매우 풍부해서 어류와 두족류 같은 동물들의 직접적이고도 치명적인 경쟁자가 되기도 한다. 어떤 해파리는 전문적으로 다른 해파리를 먹기도

한다. 베로이속(Beroe)의 빗해파리는 다른 빗해파리를 통째로 먹으며, 심해의 나르코메두사이아목(Narcomedusae)의 해파리는 주로 다른 해파리를 잡아먹는다.

많은 종들은 여건만 맞으면 굉장히 빨리 생식할 수 있으며, 대사요구량이 낮아서 섭취한 게 거의 없어도 빨리 자랄 수 있다. 특히 몸의 상당 부분이 그저 바닷물로 채워져 있을 경우에 그러하다. 포획된 상태에서는 제대로 살아남지 못하기 때문에 대부분 수명이 어느 정도 되는지 실제로 알 수는 없지만, 형태가 작은 것들은 몇 주 혹은 몇 달 정도 살며 커다란 심해 종들은 수십 년은 사는 듯하다. 심해의 군체형 관해파리들은 수 세기 동안 자라고 생식하기도 한다. 아마도 젤라틴질 생물들을 모두 합한다면, 이들은 바다에서 가장 널리 분포된 동물 그룹을 형성할 것이다.

이들은 어떻게 그렇게 풍부할 수 있으며, 해양 생태계의 전체 균형에 어떻게 그렇게 중요한 영향을 미칠 수 있는 걸까? 그러면서도 어떻게 그리도 오랫동안 간과될 수 있었을까? 연안 해역의 대형 해파리는 종종 해변으로 씻겨 올라오기 때문에 오래전부터 알려져 있었다. 이들에 대한 과학적 연구는 19세기에 박물학자들이 나폴리 같은 곳의 해수면에서 해류에 실려온 이 연약한 동물들을 채집하면서 시작되었다. 그러나 플랑크톤 연구는 곧 바다의 그물 작업에 의지하게 되었다. 따라서 젤라틴질 동물들은 형체를 알아볼 수 없을 만큼 으깨졌기 때문에 갑각류와 어류들만 가져오게 되었다. 종을 기술하는 데 진전은 있었지만 1970년대 초 스쿠버다이빙을 통해 젤라틴질 동물을 연구하기 전까지는 자연 서식지 속에서 이들을 볼 수 있는 방법이 없었다. 더 깊은 바다로 들어가기 위해서는 다른 방법—유인잠수정과 원격조종 무인탐사기—이 필요했다. 이런 도구들은 우리의 눈과 손을 심해로까지 넓혀주었고 모든 수심에서 젤라틴질 동물들이 얼마나 다양하고 넓게 퍼져 있는지 보여주었다. 오늘날 확인된 종은 아마도 전체적으로 2,000여 종은 될 것이다. 또한 매년 50여 종의 신종이 확인되고 있다. 젤라틴질 동물은 해안의 천해에서부터 심해에 이르기까지 바다 전역에 걸쳐 살고 있다. 몸의 체제는 간단해 보이기는 해도 그 설계는 오랜 세월의 시험을 견뎌냈다. 그들의 진화는 5억 년 넘게 거슬러 올라가므로, 대부분의 다른 동물들보다 더 오랫동안 바다의 생활양식에 적응해온 것이다. 심지어 가장 초기의 선캄브리아기 화석은 해파리처럼 생겼다. 바다의 새로운 곳을 탐험할 때마다 우리는 새로운 젤라틴질 종을 발견하는데, 때로는 작고 분명하지 않은 형태를 하고 있지만, 폭이 거의 1미터에 달하는 생물도 있다. 이들이 이곳에서 오랜 세월 동안 존재한 뒤 지금에서야 우리는 우리 행성에서 가장 큰 생태계의 주요 거주자인 이들에 대해서 알기 시작했다. ●

맞은편

***Beroe* sp.**
오이빗해파리류

크기 | 15cm
수심 | 0~최소 1,000m

이 빗해파리는 중층 수역에서 가장 활동적이고 게걸스러운 포식동물 중 하나이다. 오이빗해파리류(Beroe)는 먹이를 잡는 데 쓰이는 따갑거나 끈적이는 촉수가 없어 먹이를 아예 통째로 삼켜버린다. 이들은 다른 해파리만을 잡아먹는데, 사진에서처럼 빗해파리류의 일종인 볼리놉시스 인푼디불룸(Bolinopsis infundibulum)같이 크기가 비슷한 것도 잡아먹는다.

뒷장 양면 왼쪽

Pleurobrachia pileus
풍선빗해파리류 Sea gooseberry

크기 | 1~2cm(몸체), 30cm(촉수)
수심 | 0~750m

풍선빗해파리류는 매일 최대 천 개의 알을 낳는 플랑크톤의 주요 구성원이다. 접착 세포로 뒤덮여 있는 두 개의 거대한 촉수를 가지고 있다. 이 동물은 촉수를 파리 끈끈이처럼 늘어뜨려 작은 갑각류, 알, 유생 등을 낚아챈 뒤 촉수를 입으로 당긴다. 이어서 같은 작업을 다시 반복한다.

뒷장 양면 오른쪽

Physalia physalis
애기백관해파리
Portuguese man-of-war

크기 | 30cm

심해 해파리류와는 대조적으로 이 관해파리는 표층에서 산다. 마치 죽음의 커튼처럼 촉수를 몸통 아래쪽에 있는 위협적이고 조밀하게 몰려 있는 동물들 사이로 늘어뜨린다. 촉수에서 강력한 독이 불쌍한 먹이동물을 향해 발사되는데, 독은 먹이를 즉시 마비시켜 빠르게 죽음에 이르게 한다.

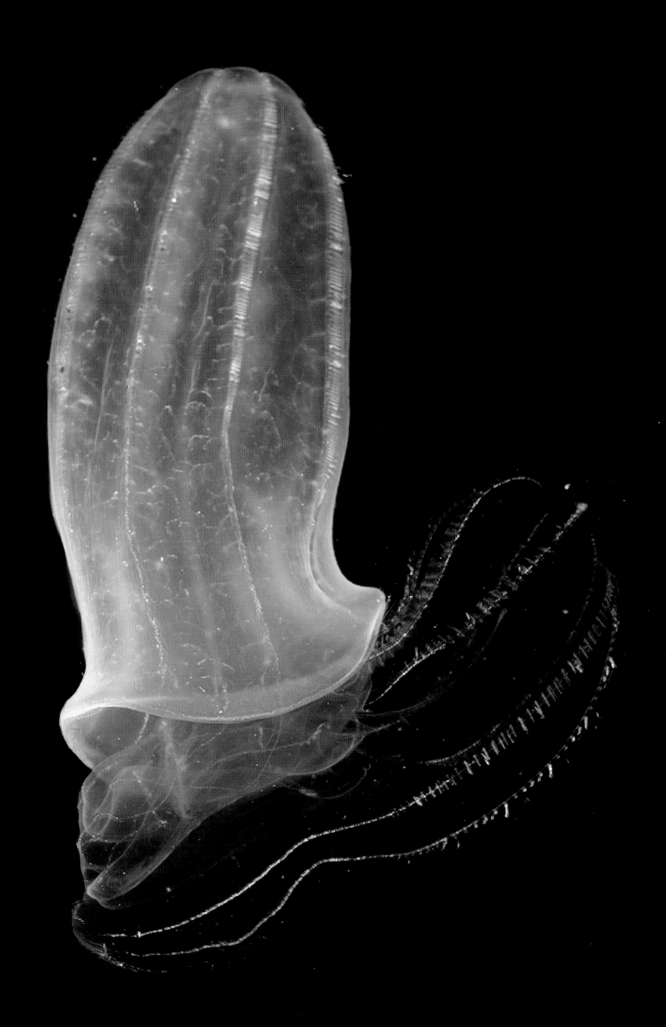

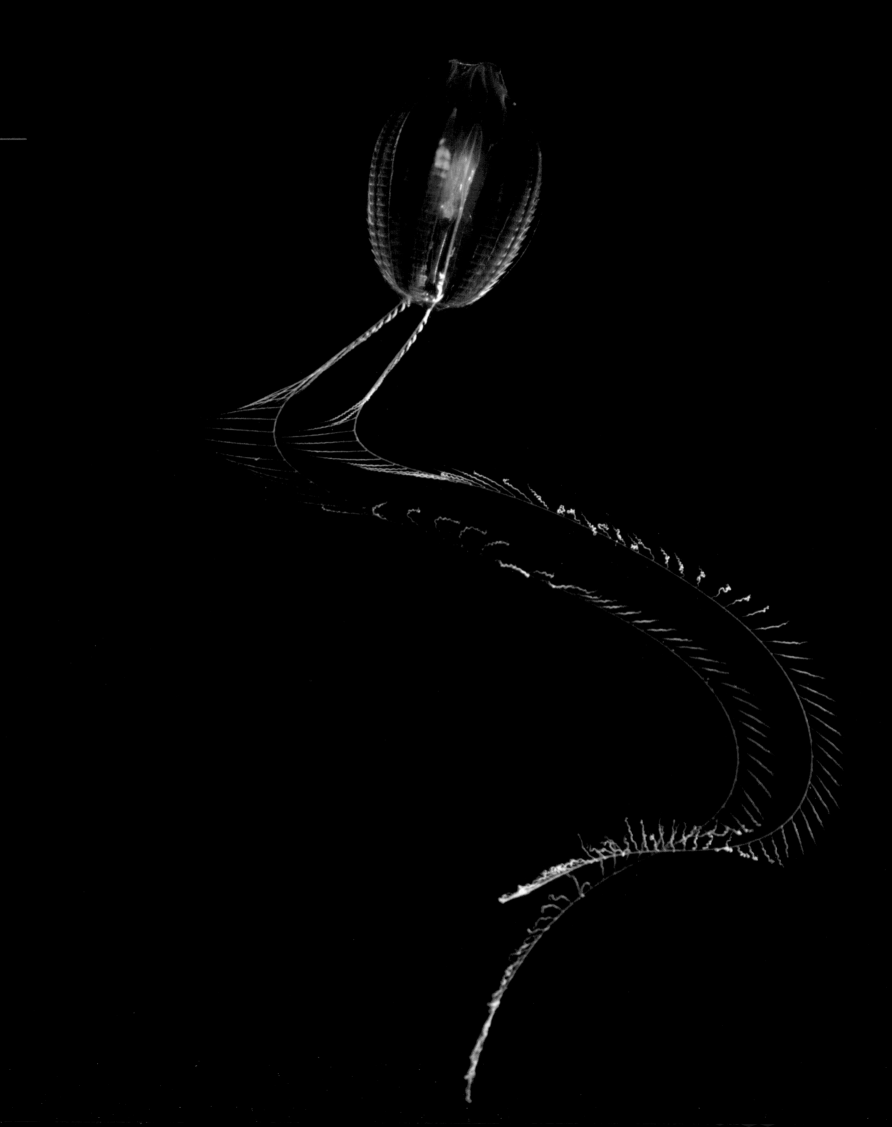

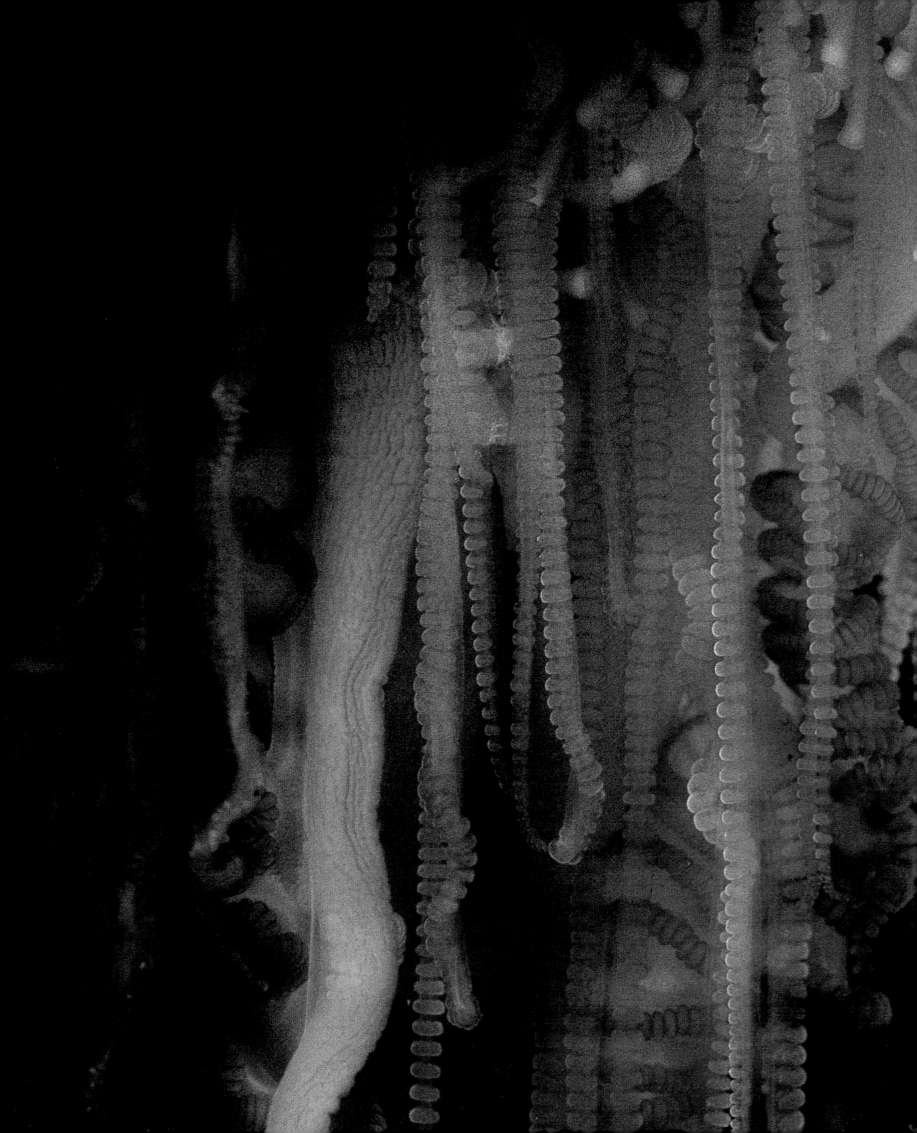

오른쪽
미확인 종
빗해파리류

크기 | 2cm
수심 | 2,000m

이 빗해파리의 무지갯빛은 생물발광 효과
가 아니라 섬모에 빛이 반사된 결과이다.
이 동물은 이런 미세한 노를 내리치면서
물속에서 움직인다. 눈도 뇌도 없는 이 생
물은 끈끈한 촉수를 뒤로 끌면서 사냥하는
데, 인상적일 정도로 큰 입 덕분에 커다란
먹이도 먹을 수 있다.

뒷장 양면
Eukrohnia fowleri
화살벌레류 Arrow worms

크기 | 최대 4.5cm
수심 | 700~1,200m

오렌지색 잉크펜같이 생긴 이 작은 육식동
물은 요각류 다음으로 가장 풍부한 플랑크
톤 그룹 중 하나이다. 해양 먹이그물에서
이들이 차지하고 있는 역할은 아직 잘 알
려지지 않았지만, 그 풍부한 정도로 보아
중요할 것으로 여겨진다.

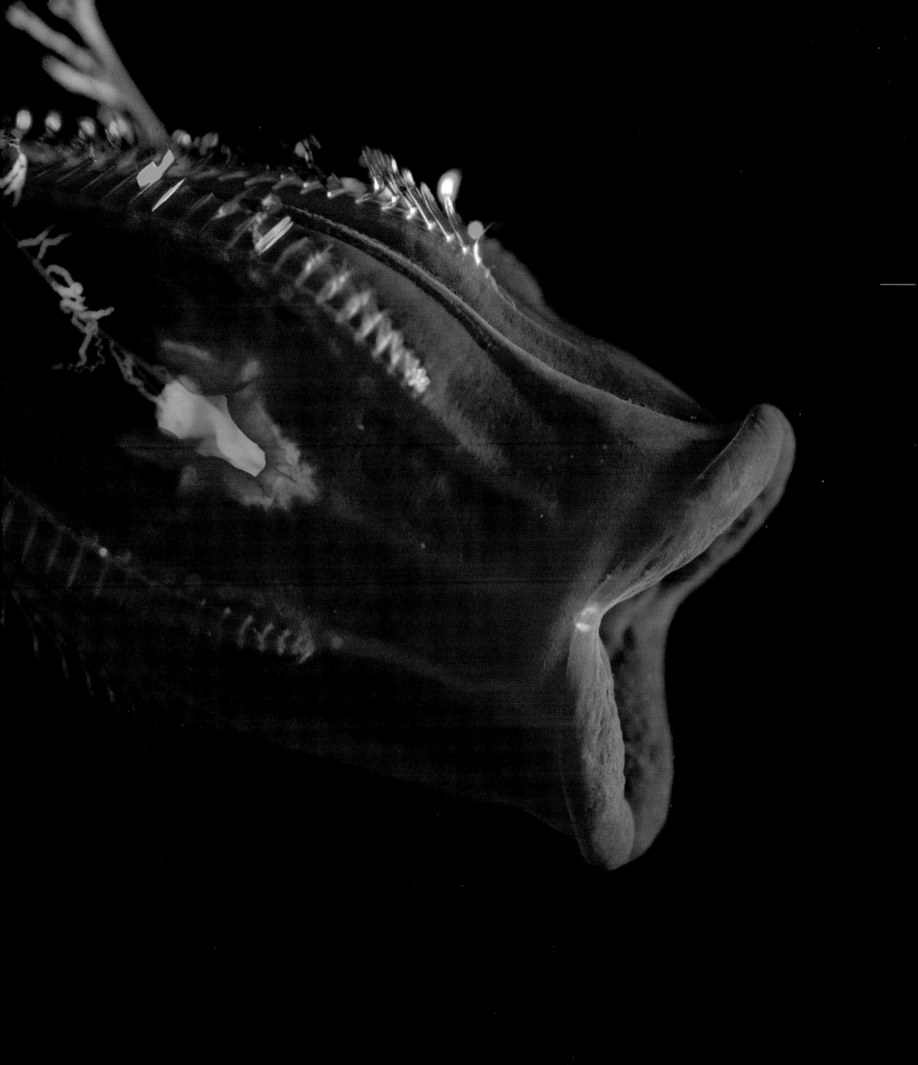

수심 4,000미터에서 물이 몸에 가하는 압력은

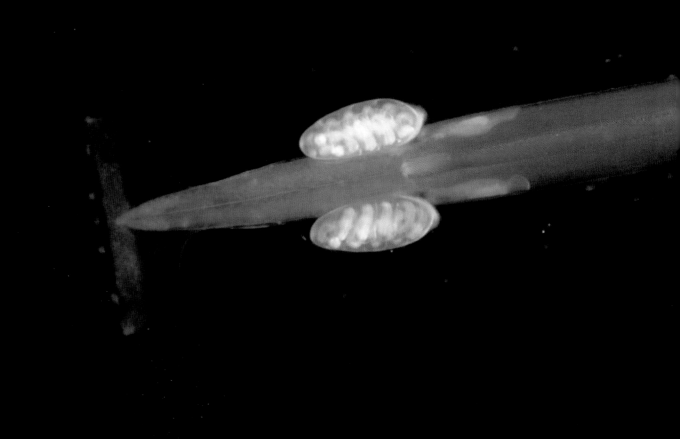

수심 4,000미터에서 물이 몸에 가하는 압력은

소가 엄지손톱을 밟고 있는 것과 같은 정도이다.

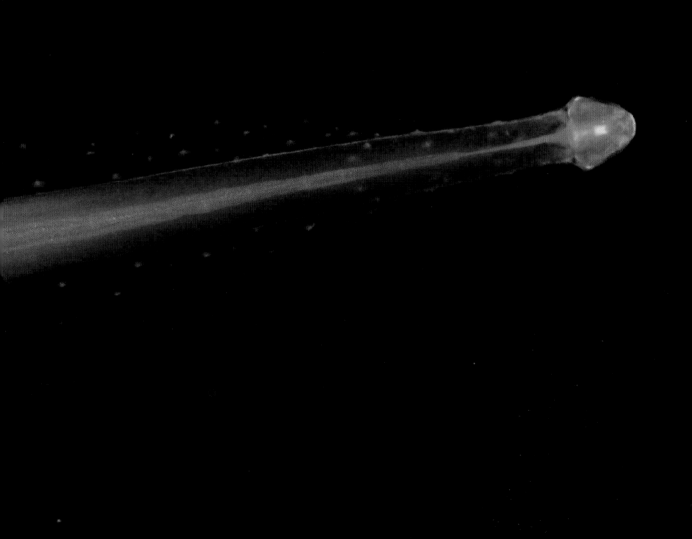

소가 엄지손톱을 밟고 있는 것과 같은 정도이다.

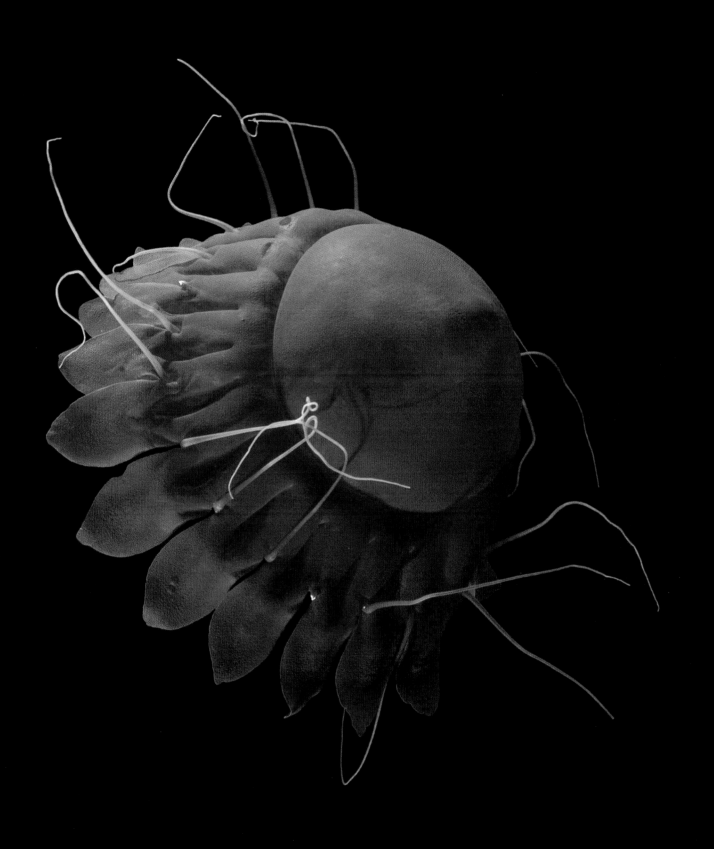

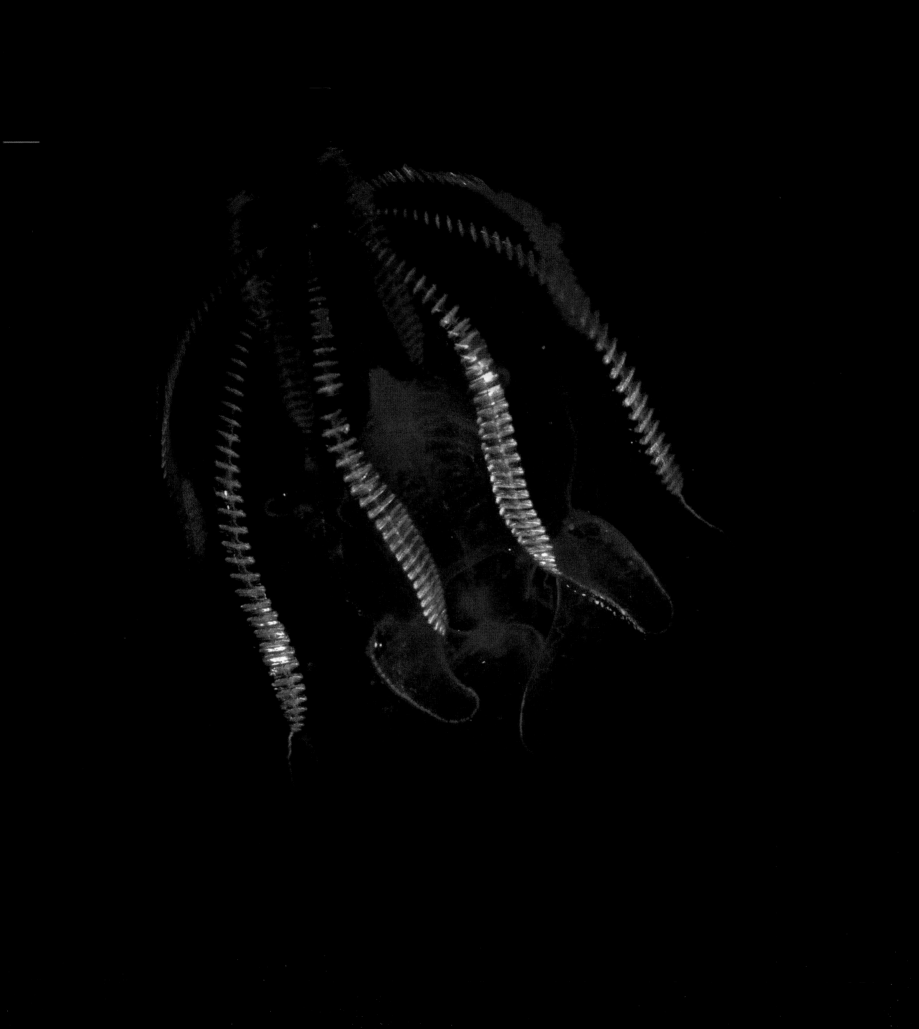

Carinaria japonica
바다코끼리 Sea elephant

크기 | 최대 50cm
수심 | 0~100m

이 표영성 연체동물은 육상 달팽이의 친척
다운 특징을 보존하고 있지만, 매우 심하게
변형된 모습이다. 껍질은 왼쪽 아래편에 보
이는 것처럼 작은 삼각형 덩어리로 작아졌
고, 땅에서는 기어가는 데 쓰였을 발은 지
느러미로 바뀌었는데, 이 지느러미는 돛처
럼 사용되며 항상 위로 향한다. 입안에 숨
어 있는 코(오른쪽 위) 때문에 바다코끼리
라고 불리는데, 코는 먹이―주로 화살벌레
와 해파리―를 삼키는 데 사용한다.

앞장 양면 오른쪽
Periphyllopsis braueri
관(冠)해파리류

크기 | 직경 6cm
수심 | 600~1,000m

이 생물발광 해파리의 붉은색은 이 생물이
수심 600~700미터 아래쪽에 사는 것을
알려주는 표시이다. 이 경계보다 위쪽에 사
는 해파리들은 대부분 투명하며, 이런 특징
때문에 위험한 약광층에서 눈에 띄지 않은
상태로 살아갈 수 있다.

맞은편
Lampocteis cruentiventer
붉은배빗해파리
Bloody-belly comb jelly

크기 | 최대 16cm
수심 | 700~1,200m

최근에 발견된 이 빗해파리의 다른 부분은
색이 변하기도 하지만, 위장은 항상 핏빛
진홍색이다. 물속에서 붉은색은 검게 보이
기 때문에 이 해파리가 삼킨 먹이동물이
만들어내는 생물발광을 가려주는 데다가,
다른 동물의 먹이가 될 위험 없이 평화롭

"지속적이거나 번쩍거리는, 크고 작은 야광 불빛이

사방에서 춤을 춘다. 이 불빛은 마치 지금은 소멸한 별에서

마지막 불빛을 붙잡은 것 같은 생물들이 영원한 밤의 세계에서

자신의 존재를 밝히기 위해서 만들어내는 빛이다."

모나코의 알베르 1세 공, 1902년

오른쪽

Apolemia sp.

관(箸)해파리류

크기 | 약 60cm
수심 | 400~1,000m

맞은편 왼쪽

Physophora hydrostatica

히드라술관해파리
Hula skirt siphonophore

크기 | 7cm
수심 | 700~1,000m

맞은편 오른쪽

Marrus orthocanna

관(箸)해파리류

크기 | 40cm
수심 | 400~2,200m

관해파리는 강력한 턱이나 날카로운 이빨,
위협적인 지느러미는 없지만, 바다에서 가
장 식욕이 왕성한 포식동물에 속하는 진정
한 킬러이다. 이들이 드리우는 따가운 촉수
장막은, 가장 큰 관해파리로 알려진 대왕관
해파리(*Praya dubia*)의 경우 그 길이가 무
려 40~50미터에 달하기도 한다. 생물학자
스티븐 해덕(Steven Haddock)과 케이시
던(Casey Dunn)은 특화된 부분으로 구성
된 이 초유기체(superorganism)를, 앞쪽에
는 추진을 위한 기관차가 있고, 그 뒤에는
생식, 먹이 섭취, 방어를 위해 여러 가지 차
량이 달린 기차로 비유한다. 관해파리가 움
직일 때에는 기체가 든 부레에 의해 뜨게
되는 '기관차'가 맞은편 사진의 위에 보이
는 갓(영종)을 밀어내기 시작한다.

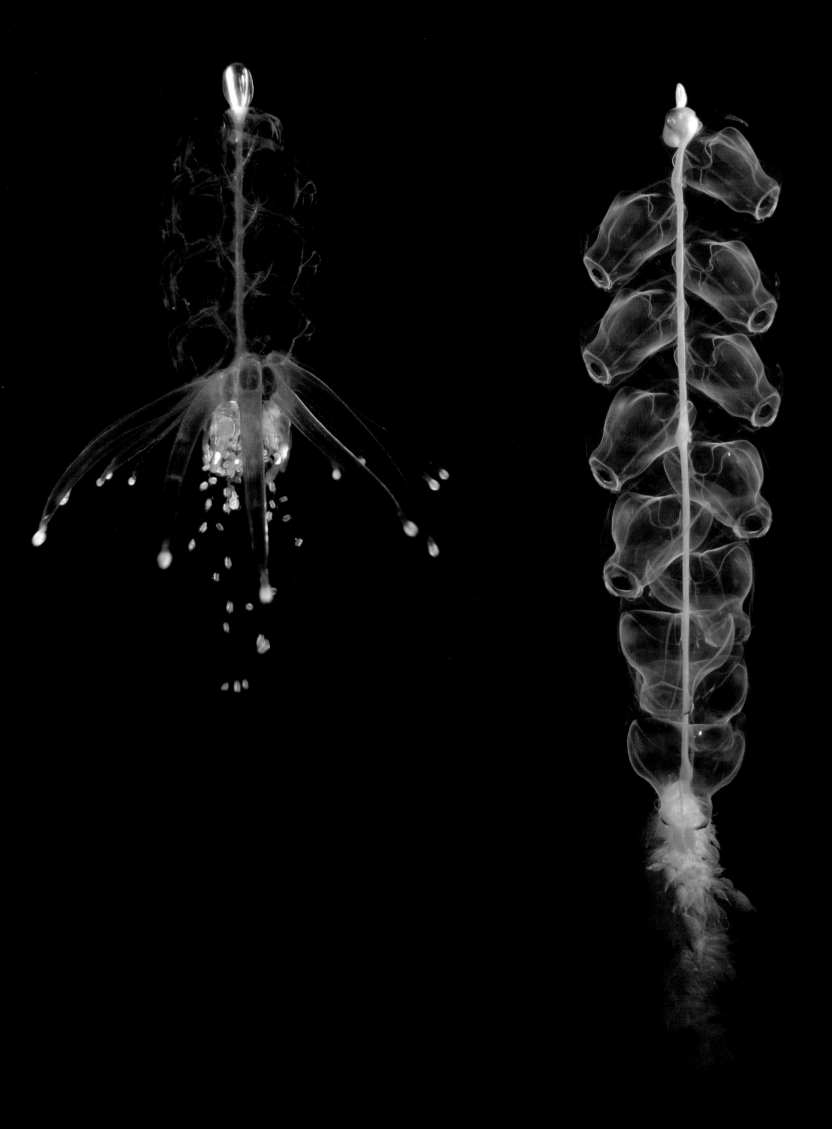

맞은편
Phronima sedentaria
큰살파벌레 Pram bug

크기 | 2cm
수심 | 200~1,000m

큰살파벌레는 젤라틴질 생물, 살파류의 텅
빈 몸속에 머무르며 자신을 보호한다. 이
심해 갑각류의 암컷은 알을 낳아 살파의
몸속에 넣고 키운다. 암컷이 종종 살파 바
깥을 잡고 유모차처럼 밀고 다닌다고 해서
'유모차벌레(Pram bug)'라고도 불린다.
새끼가 성체가 되면 자신의 집을 먹어치우
고 중층 수역으로 나가 다른 살파를 찾는
다. 속설에 의하면 리들리 스콧 감독의 영
화 〈에이리언〉에서 현대미술가 H. R. 기거
가 만들어낸 생물체는 이 종으로부터 영감
을 받은 것이라고 한다.

"가끔 희한하고 아름다운 것들이 우리 앞으로 왔다.

그것은 우리에게 미지의 세계를 살짝 엿보게 해주었다."

찰스 와이빌 톰슨 경, 1872년

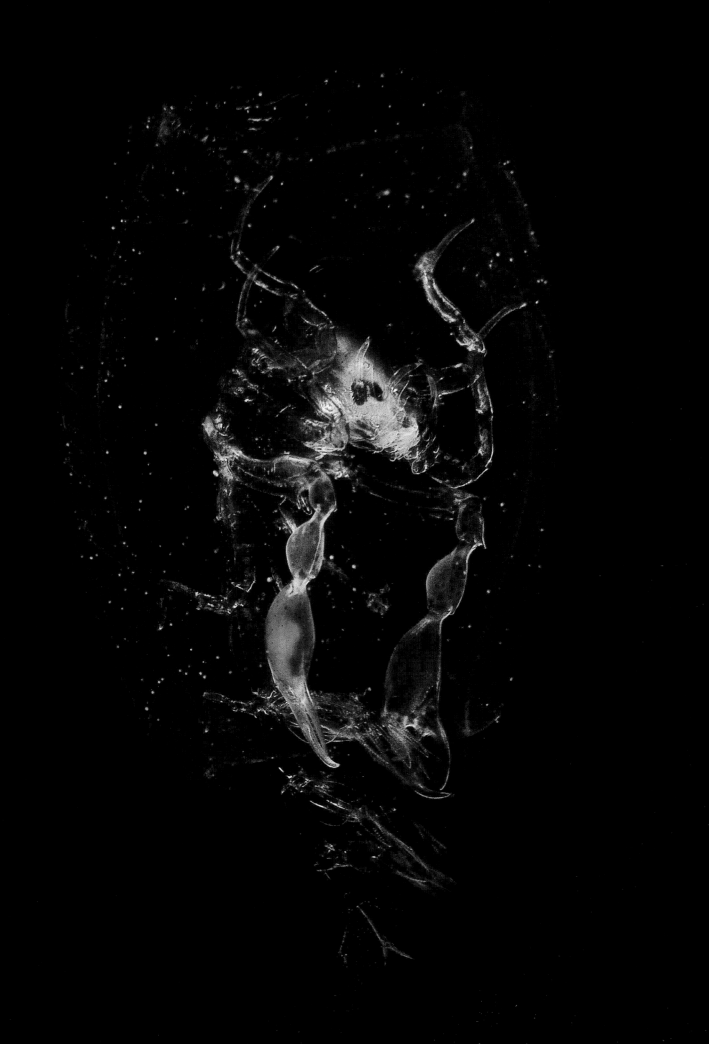

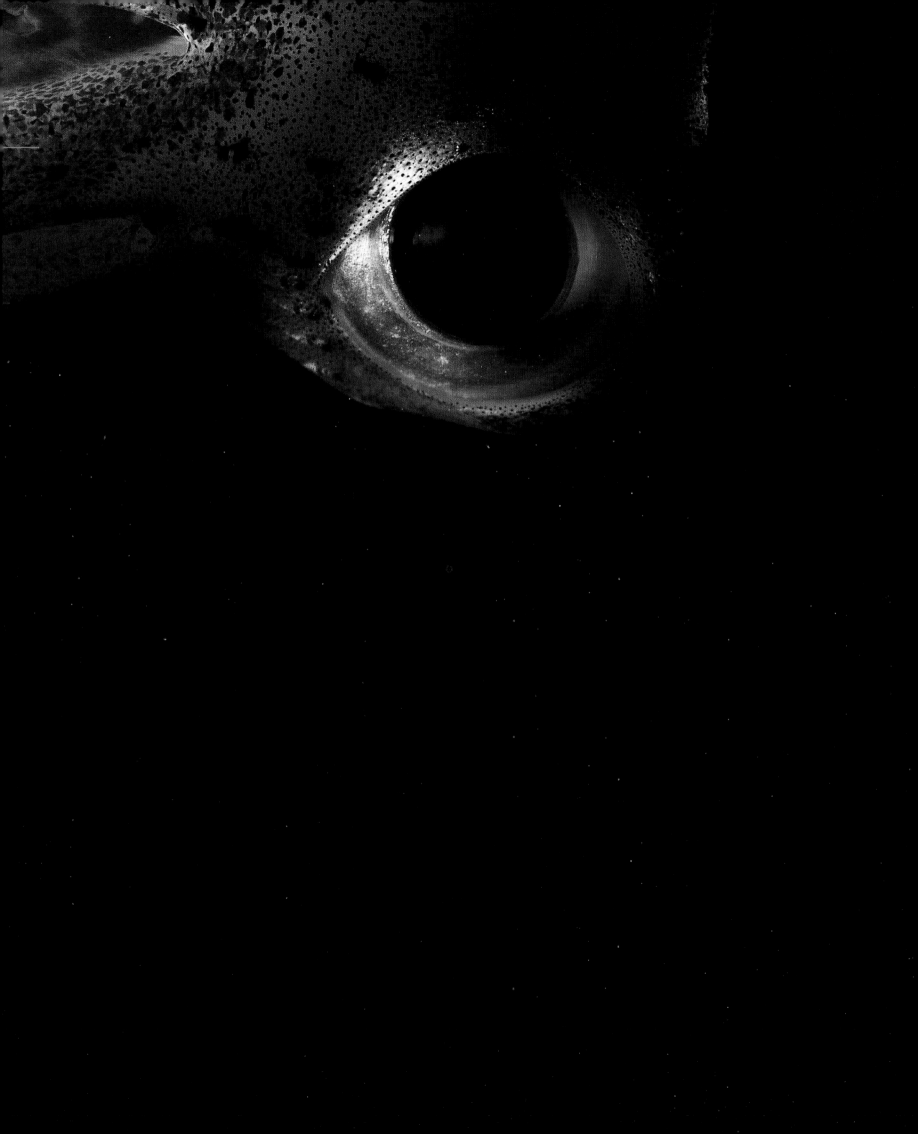

신화에서 현실로: 심해의 괴물

클라이드 로퍼 Clyde Roper **박사**

미국 스미소니언 박물관

맞은편

Histioteuthis corona
왕관보석오징어 Crowned jewel squid

크기 | 40cm(촉완 포함)

수심 | 400~1,200m(낮), 0~40m(밤)

대왕오징어를 잡으러 떠난 탐험과 관련된 모든 미스터리를 상징하기라도 하듯 다소 놀랍지만 매혹적인 눈이 심연의 밤 속에서 우리를 지켜보고 있다. 해변에 쓸려온 대왕 오징어류 덕분에 우리는 이 생물의 눈이 축구공만큼 엄청나게 크다는 사실을 알게 되었다.

대대로 구전되어온 바다에 관한 지식은 확실치 않은 잔인한 괴물 이야기로 가득하다. 고대의 뱃사람들은 오랜 항해 끝에 머리가 여러 개 달린 생물, 거대한 뱀, 살아 있는 섬, 배를 공격하여 운 나쁜 선원들을 게걸스럽게 먹어치운 괴물 등 머리카락이 곤두설 정도로 끔찍한 이야기들을 가지고 돌아왔다. 썩는 냄새가 진동하는 쪼가리가 가끔 해변으로 쓸려오고, 나이든 뱃사람들은 그것을 젊은 시절 바다에서 봤다던 생생한 괴물의 잔해로 확인하기도 했다. 이러한 신화 같은 짐승들에 관한 기록이 처음 등장한 것은 시멍크(sea monk), 인어, 크라켄 등에 관한 그림과 설명이 들어 있는 1550년대 박물학 서적들에서였다. 폴리시비숍(Polish Bishop)은 특히 인상적인 시멍크였다. 초기 박물학자들은 그런 짐승들을 본 적이 없었고 완전한 표본이 존재하지도 않았기 때문에 이야기로 묘사된 뱃사람들의 상상을 진실로 받아들였고, 그런 신화와 전설은 수 세기 동안 이어져 내려왔다.

19세기에 들어 두 가지 중요한 일이 일어났다. 저명한 덴마크의 동물학자 야페투스 스텐스트루프(Japetus Steenstrup) 교수는 탐정 같은 재주를 발휘하여 1854년 이러한 신화적 괴물들이 다름 아니라 오징어였음을 알아냈다. 이 독특하고 거대한 오징어는, 연안 바다에서 발견되는 흔한 오징어가 아주 큰 변종으로 자란 것이 아니라 외해의 심해에 서식하는 특정 종이다. 스텐스트루프는 이것을 대왕오징어 아르키테우티스 둑스(*Architeuthis dux*)라고 명명했다. 어떤 의미에서 이 중요한 발견은 진짜 대왕오징어의 추적을 알리는 시작이었다.

두 번째 사건은 뉴펀들랜드 섬(캐나다에서 가장 동쪽에 있는 주)의 로기 만에서 1873년부터 시작된 일련의 놀라운 발견이었다. 이곳에서 처음으로 신선하고 거의 완전한 표본이 많이 발견되었으며, 동부 뉴펀들랜드 만과 후미에서 해수면에 떠다니거나 해안에 좌초된 것으로 보이는 표본도 발견되었다. 이들 표본을 통해 무해하지만 괴

물처럼 생긴 이 짐승에 대해 최초로 자세하게 기술할 수 있었다. 이때 즈음하여 파리의 어느 젊은 작가는, 프랑스 해군 코르벳 함 알렉통(Alecton) 호가 카나리아 제도 앞바다에서 대왕오징어를 발견했다는 소식을 듣게 되었다. 선장은 해수면에서 이 괴물을 목격한 사실을 보고했고, 과학 연구를 위해 이것을 잡기로 결심했다. 그는 괴물을 향해 대포와 머스킷 총을 쏘아댔지만, 결국 그 괴물이 자신의 배와 선원들을 위험하게 하지 않는 이상 싸우지 않기로 마음먹었다. 하지만 이 이야기는 사라지지 않았다. 왜냐하면 젊은 작가 쥘 베른이 자신의 최신 소설의 인쇄를 중단시키고 잠수함 노틸러스 호를 탄 네모 선장이 '크기가 어마어마한 오징어'와 대면하는 흥미진진한 모험담을 소설에 집어넣었기 때문이다. 그 장면이 너무나 무시무시하고 오싹하고 생생해서 '해저 2만 리'라는 소리를 들을 때마다 우리는 '대왕오징어'를 생각하곤 한다!

20세기 대부분 동안 수많은 죽은 표본이 보고되었지만, 대왕오징어는 신화적인 생물로 남아 있었다. 그 주요 이유는 이 생물을 산 채로 본 적이 없어서 그 서식지, 분포, 생활사, 행동 등이 여전히 알려지지 않았기 때문이었다. 해양생물학자들이 대왕오징어의 존재를 받아들이긴 했지만, 기본적인 출현, 형태학, 해부학에 관한 사항 외에 살아 있는 표본이 없는 상태에서는 생활사에 대해 그리 많이 알아낼 수 있는 게 없었다. 따라서 대왕오징어는 신비하고, 전설적이며 거의 부차적인 두족류의 일원으로 남아 있었다. 아르키테우티스는 세계에서 가장 큰 무척추동물로 총 길이가 최대 18미터, 무게는 500에서 1,000킬로그램에 달하는 것으로 여겨지며, 동물 중에서 가장 큰 눈을 가지고 있는데 그 크기가 사람 머리만 하다! 오랜 세월에 걸쳐 우리는 대왕오징어가 힘센 향유고래가 좋아하는 먹이이며, 대왕오징어는 다른 심해 오징어 종은 물론 오렌지러피와 남방대구를 잡아먹는다는 사실을 알아냈다. 아르키테우티스는 수심 500~1,000미터의 바다에서 산다. 암수 구분이 분명하여, 성체의 암컷이 수컷보다 훨씬 더 크다. 오늘날 전 세계 바다에서 300개가 넘는 표본이 기록되어 있다. 많은 수의 동물들이 심

해 저인망에 잡혔지만, 대왕오징어에 대한 대부분의 기록은 좌초된 것들로부터 나왔다. 대왕오징어가 조직에서 가벼운 암모늄 이온을 만들어내기 때문에 이런 수수께끼 같은 상황이 존재한다. 암모늄 이온 덕에 대왕오징어는 계속 헤엄을 치지 않아도 원하는 수심에서 부력을 유지할 수 있다. 대왕오징어가 심해에서 죽게 되면 해수면으로 떠오르게 되고 해수면의 조류와 바람에 떠밀려 일부 대왕오징어는 해안에 도착한다. 우리가 축적한 지식에 따르면 아르키테우티스는 무해하다. 그러나 이런 사실에도 불구하고 이들이 무시무시한 괴물이라는 생각은 작가와 영화제작자들에 의해 21세기까지 살아남았다.

1990년대 중반에 이르러 비교적 믿을 만한 심해 카메라와 조명 도구가 개발됨에 따라 생물학자들과 사진가들은 사람 눈을 잘도 피하는 살아 있는 대왕오징어를 찾아 칠흑 같은 심해의 어둠 속으로 들어갔다. 카메라를 케이블로 연결하여 해저까지 내려 보냈고, 그 어떤 것이 미끼를 향해 다가오건 간에 주기적으로 돌게끔 장치했다. 또한 카메라를 중층 수역에 매달아놓고 바다를 떠다니면서 대왕오징어의 모습을 찍을 수 있게 하기도 했다. 아르키테우티스의 이미지를 잡아보려는 이 모든 시도는 실패로 돌아갔다. 구체적으로 아르키테우티스를 목표로 한 조사가 20~30여 개 있었지만 아무런 성과도 거두지 못했다.

최근에 이루어진 발견은 심해에 사는 대형 생물에 대한 흥미를 더해주고 있다. 남극해에서 주낙어선이 소위 말하는 '초대왕' 오징어를 잡았다. 이 종은 전문가들 사이에서는 향유고래의 위장에서 발견된 매우 커다란 표본에 기초하여 거의 80년간 알려져 있기는 했지만, 최근이 거대한 표본이 잡히고 나서야 비로소 '대중에게 공개' 되었다. 초대왕오징어는 아르키테우티스의 가까운 친척

도 아니어서, 바다를 잘 모르는 사람조차 이 두 종을 쉽게 구분할 수 있을 정도이다. 초대왕오징어의 몸과 머리는 대왕오징어의 것보다 더 길고 튼튼하지만 다리와 촉완은 비교적 더 짧다. 대왕오징어와 초대왕오징어의 지리적 분포는 남위 약 40도 지점의 아남극 수렴선을 따라서만 겹친다.

마침내 일본의 과학자들이 자연 서식지에서 살아 있는 대왕오징어의 사진을 최초로 촬영했다. 이 소식은 전세계 바다의 열광자들을 흥분시켰다. 구보데라 츠네미 박사와 그의 연구팀은 스틸디지털카메라를 수심 900미터까지 내려 보냈다. 이곳은 그간의 조사를 통해 향유고래가 이동 중에 먹이를 잡아먹는 곳으로 알려진 지점이었다. 총 길이가 8.5미터로 추정되는 원기왕성한 아르키테우티스가 카메라 밑에 장착된 미끼 갈고리를 공격했다. 이 오징어가 달아나려고 할 때 플래시 불빛이 그 머리와 다리 이미지를 550장이나 노출시켰다. 회수된 카메라의 갈고리에는 오징어 몸에서 떨어진 촉완이 붙어 있었고, 따라서 형태학적으로는 물론 DNA 분석으로도 표본이 확인되었다. 이 놀라운 사건은 3년간의 추적 노력 끝에 일어났다. 우리는 이제 향유고래와 대왕오징어가, 하나는 먹기 위해서 또 하나는 생명을 지키기 위해서 서로 싸우는 전설적인 순간을 목격할지도 모른다. 또 다른 새로운 탐험의 문이 열린 것이다.

1세기가 넘는 시간에 걸쳐 이루어진 연구 결과, 아르키테우티스는 심해에서 가장 크고 영원하며 진정한 거주자라는 제대로 된 지위를 얻게 되었다. 그것은 바로 이 바다 행성에서 종 수가 가장 많고 광활한 생태계의 훌륭한 대표자로서의 지위이다. 사람들은 괴물을 필요로 한다. 그 훌륭한 예가 한때는 신화 속의 거대한 오징어였다는 사실을 지금의 우리는 잘 알고 있다. ●

맞은편
컴퓨터그래픽 이미지
Mesonychoteuthis hamiltonii
대왕오징어 Colossal squid

크기 | 9m
수심 | 0~1,000m(유생과 어린 새끼), 1,000
~최소 2,200m(성체)

먹이를 잡는 빨판을 가진 대왕오징어와는 대조적으로 초대왕오징어의 다리와 촉완에는 수백 개의 회전하는 갈고리가 있어 먹이의 살을 물어뜯을 수 있다. 이런 무기 덕분에 이 오징어는 훨씬 더 큰 경외심을 불러일으키는 포식자가 되었으며, 대왕오징어보다 더 커다란 먹이를 잡을 수 있다.

뒷장 양면
컴퓨터그래픽 이미지
Architeuthis dux
잠수정 존슨시링크 호와 마주친 대왕오징어

크기 | 18m
수심 | 해수면(유생과 미성체),
300~최소 1,000m(성체)

전설에서는 대왕오징어를 공격적이고 무자비한 괴물로 묘사하지만 진실은 그 반대이다. 아르키테우티스는 접촉을 피하고 작은 동물들을 잡아먹는 소심한 생물인 듯하다. 믿기 힘들겠지만, 향유고래와 마주쳤을 때 공격을 당하는 쪽은 사실 아르키테우티스이다. 신화는 과장이 심한 편이다!

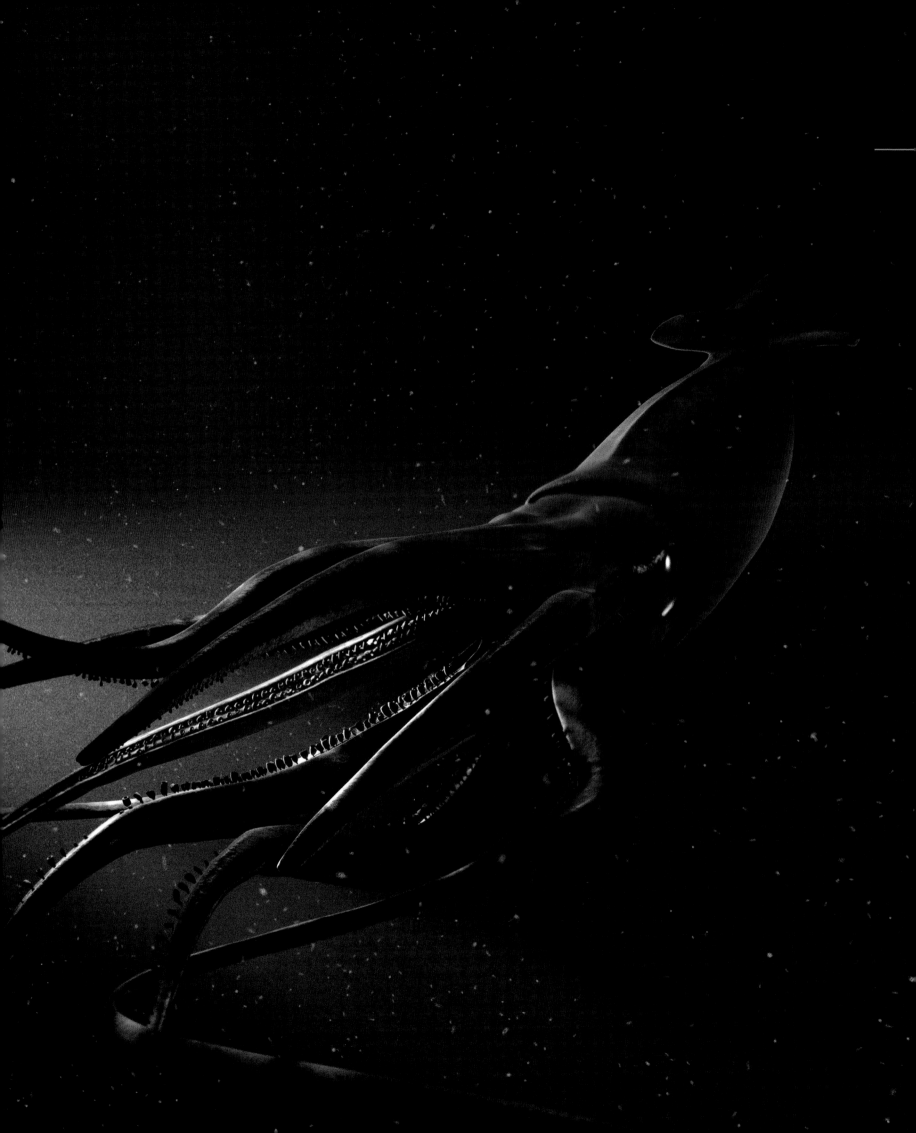

심해 동물은
살아 있는 화석인가?

로버트 C. 브리엔후크 Robert C. Vrijenhoek **박사**
미국 몬터레이 만 해양연구소

심해는 우리 행성에서 매우 외지고 별난 환경 중 하나이다. 현대의 과학자와 탐험가인 우리는 유인잠수정과 로봇 탐사기로 이 이질적인 세계를 방문하고, 우리의 지식과 신념의 근간을 흔들어놓는 발견을 하는 특권을 누리고 있다. 초기 과학자 세대는 심해가 영원히 어둡고, 획일적이며, 기본적으로 생명이 없는 곳이라고 믿었다. 이 어두운 세계는 식물과 많은 미생물들이 태양으로부터 에너지를 얻고 이산화탄소로부터 당을 만들어내기 위해 활용하는 광합성 작용이 가능하지 못한 곳으로 여겨졌다. 대신 19세기 과학자들은 해저가 '우르슐라임(Urschleim)'으로 덮여 있을 것이라 믿었다. 우르슐라임은 독일의 철학자이자 박물학자인 에른스트 헤켈이, 여기서부터 모든 생명이 생겨났을 것이라고 주창한 원시진흙을 말한다. 이런 믿음은 유명한 영국 해군함 챌린저 호의 해양 탐사(1872~1876)에서 발견된 사실에 의해 무너져버렸다. 그물과 준설기로 심해에서 놀라운 신종 동물들이 채집되었는데, 거기에는 기괴한 머리와 뾰족한 이빨을 가진 포식어류와 척추가 없는 새롭고 특이한 수많은 동물들이 있었다. 그중 일부는 괴물같이 생겨서 고대 신화 속 생물들과의 유사성을 암시라도 하는 듯했다. 우리들이 사는 표면 세계의 동물들과 비교하면 이 동물들은 너무나 낯설고 환상적으로 보였다! 챌린저 호 탐사에서 이뤄진 발견은 선사시대의 바다 괴물들의 집이자 영원히 안정적인 심해 세계에 대한 상상을 자극했고 신화의 영감을 불어넣었다. 이들 신화는 1938년 동남아프리카 앞 심해에서 나온 실러캔스(공극류)인 라티메리아(*Latimeria*)의 발견으로 더욱 힘을 받았다. 실러캔스는 나뭇잎 모양의 지느러미를 가진 물고기로, 공룡처럼 중생대(2억 4500만 년~6500만 년 전)에 다양한 화석을 남겼지만 중생대가 끝날 무렵 대량멸종이 일어나면서 사라졌다. 이 '살아 있는 화석'의 발견은 과학자들에게는 살아 있는 공룡을 발견하는 것만큼이나 흥미진진한 일이었다. 심해는 과연 지구 표면의 생물다양

성을 파괴하고 재편한 대재앙의 멸종에서 살아남은 다른 '살아 있는 화석'들에게도 안식처였을까?

심해가 놀랍고도 다양한 동물들의 집이긴 하지만 지난 25년 동안 이뤄진 연구는 해저가 영원히 안정적인 곳은 아니라는 사실을 우리에게 알려주었다. 이 불안정을 만들어내는 힘은 위에서 내려올 수도 있고, 아래에서 올라올 수도 있다. 지구 표면의 기후 변화가 심해에서의 멸종을 가져올 수도 있다. 대부분의 심해 동물은 살아남기 위해 산소를 필요로 하며, 산소는 극지방 표층에서 가라앉는 한류(寒流)에 의해 심해까지 운반된다. 지구의 온난화 시기에는 표층의 물이 고르게 따뜻해져서 심해 위의 모자처럼 작용하고, 가라앉는 과정은 중단된다. 갇혀버린 심해는 산소를 박탈당하고, 동물들은 살기 힘들어진다. 이런 사건이 중생대 말기(약 9천만 년 전)와 신생대 초기(약 5천만 년 전)에 심해 동물의 대량멸종을 가져왔을 수도 있다. 따라서 지금 심해에서 발견되는 많은 동물군은 좀 더 얕은 물에서 살던 선조들로부터 진화한 것들이다. 그렇다면 우리를 종종 놀라게 하는 심해 동물의 형태적 특징―커다란 이빨, 큰 입, 지나치게 큰 눈, 생물발광 기관―은 어둡고 혹독한 심연의 환경에 꽤 빨리 적응한 결과일 것이다. 지난 세기에 확인된 수천 가지의 심해 종 중 진정으로 살아 있는 화석으로 인정된 것은 극소수에 불과하다. 그중 하나가 흡혈오징어이다. 이 생물은 오랜 기간 동안 변한 것이 비교적 거의 없다. 산소가 희박한 바다에서 살 수 있는 능력이 이 생물을 오랜 세월 살아남게 해준 이유일 것이다. 반면 다른 수많은 심해 동물들은 멸종했다.

해저 자체가 끊임없는 변화에 처해 있기 때문에 심해는 우리가 한때 믿었던 것처럼 완벽하게 안정된 환경은 아니다. 드넓은 해저 분지는 화산 마그마 위를 떠다니는 거대한 지각판에 의해 여러 차례 그 형태가 바뀌었다. 오랜 기간에 걸쳐 이들 지각판은 다른 지각판 아래로 밀려들어가기도 하고 서로 충돌하기도 하면서 깊은 해구를 형성하고 거대한 산맥을 생성한다. 지각판 사이가 벌어지면 대서양과 같은 바다가 생성되는데, 바다는 1억 8천만

년 전에 형성되기 시작했다. 현재 이렇게 벌어지는 현상 대부분이 야구공의 솔기처럼 지구를 둘러싸고 있는 거대 산맥인 중앙해령계를 따라 일어나고 있다. 해령계에는 뜨거워진 지각을 통과하는 해류의 순환에 의해 생성되는 온천인 심해 열수분출공이 점점이 산재해 있다. 1977년 발견된 갈라파고스 제도 근처의 열수분출공은 과학자들을 깜짝 놀라게 했다. 수심 2,500미터에서 열수분출공을 둘러싼 풍요로운 오아시스가 발견되었던 것이다. 대합조개, 홍합, 달팽이, 새우, 게, 어류, 그리고 큰 관에 사는 벌레들이 높은 압력, 유독성 기체, 중금속에도 불구하고 열수분출공 근처에 번성하고 있다. 이곳의 미생물들은 황화수소, 메탄과 같은 화산 기체를 사용하여 탄소를 고정시키고 당을 만든다. 이러한 발견을 통해 우리가 깨우친 것은 무엇이었을까. 먼저 이 행성에서 생명의 물리적 한계에 대한 우리의 시각이 넓어졌고, 나아가 화학합성 생명체가 우리 태양계의 다른 행성에서도 발견될지 모른다는 점을 새롭게 인식하게 되었다.

열수분출공에서 발견된 이러한 생물다양성은 심해가 수많은 고대 생물의 고향일지도 모른다는 생각에 다시 불을 붙였다. 분명 해령과 열수분출공은 우리 행성의 가장 초기 시절부터 지금까지 존재하고 있다. 열수분출공의 화학적 환경은 지구에 생명의 기원을 자라나게 했을 수도 있는 원료를 많이 제공한다. 실제로 가장 원시적인 미생물 계통 중 일부가 열수분출공에서 발견된다. 열수분출공에서 나오는 지질화학적 에너지는 우리 행성의 지표면에서 대량멸종을 가져왔던 파국적 사건들이 일어나던 동

안 아마도 많은 유기체들을 지탱시켰을 것이다. 예를 들어, 백악기 말기(6500만 년 전)에 공룡의 소멸을 가져온 전지구적 대량멸종은 거대한 혜성과 충돌한 시기와 일치했다. 이런 충돌은 대기를 파편 부스러기로 뒤덮어버렸고 아마도 오랫동안 광합성을 감소시켰을 것이다. 화학합성은 지표면에서 일어난 이러한 사건으로부터 열수분출공 군집을 보호할 수 있을까? 과학자들은 열수분출공에서 '살아 있는 화석', 심지어 고생대(5억 4300만 년~2억 4800만 년 전)를 장악했던 절지동물류인 삼엽충이 살아서 발견되는 날을 고대하고 있다. 그러나 이러한 발견은 이루어지지 않고 있다. 대신 화석 기록은 열수분출공의 동물상이 지난 5억 년 동안 여러 차례 바뀌었음을 보여준다. 분자생물학은 오늘날의 열수분출공을 장악하고 있는 동물 그룹들이 좀 더 최근에 기원했음을 시사한다. 이들 열수분출공 동물 사이에 나타나는 진화 기간의 범위는 천해의 해양 동물상에서 나타나는 진화 기간과 그리 많이 다르지 않다. 평균적으로 약간 더 오래되긴 했지만 그렇게 많이 더 오래된 것은 아니다.

우리의 눈과 일상생활에서 너무나도 멀리 떨어져 있는 열수분출공 동물 군집은 우리 행성의 표면에 사는 동식물보다 환경 재앙으로부터 더 잘 보호되고 있는 것은 아닌 듯하다. 현재 지구 표면에 만연하는 변화와 파괴, 채광, 어류의 남획, 바다 오염 등은 해저 서식지에도 영향을 줄 것이다. 현대의 이산화탄소 배출과 지구 온난화가 심해에 미치는 위협을 가늠하기는 어렵지만, 진화사 연구는 해저 환경이 표면보다 환경 교란의 영향을 덜 받는 것은 아님을 알려주고 있다.

심해에서 솟아오르는 고대의 괴물들을 발견할 수 있으리라는 기대는 하지 말아야 할 것이다. 대신 거울을 들여다보면, 이 행성의 생물다양성에 가장 큰 위협을 가할지도 모를 현대 생물의 모습이 보일 것이다. ●

맞은편

Vampyroteuthis infernalis
흡혈오징어 Vampire squid

크기 | 30cm
수심 | 650~1,500m

이 흡혈오징어는 외피를 위로 들어올리는 일명 '파인애플 자세'를 취하고 있다. 위협을 느꼈을 때 방어를 위해서 이런 자세를 취하는 듯하다. 외피 안쪽을 따라 뾰족한 이빨처럼 나 있는 극모 때문에 고약한 생물처럼 보인다. 아마도 이 살집이 있는 손가락을 이용하여 파동 운동을 만들어내며 먹이를 입으로 전달하는 것 같다.

뒷장 양면

Melanostomias tentaculatus
민비늘검정발광멸
Scaleless black dragonfish

크기 | 24cm
수심 | 1,000m

흔히 심해의 어류는 감시하는 눈 없이 수억 년에 걸쳐 진화한 선사시대의 생물처럼 보인다. 이들의 외모는 우리로 하여금 그렇게 생각할 여지를 남기지만, 대부분의 경우, 많은 물고기들의 특징인 희하거나 괴물 같은 특징(예를 들어, 커다란 이빨, 생물발광 유인 장치, 커다란 턱 등)은 바로 심해의 환경적인 제약에 적응한 산물이다.

심해에 사는 물고기들은 종종 사나운 괴물처럼 보인다.

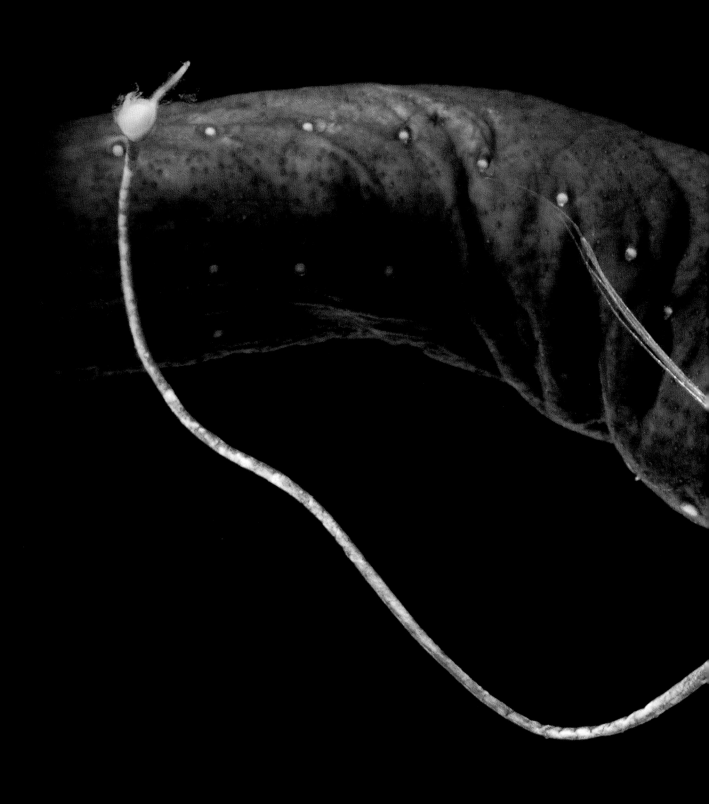

심해에 사는 물고기들은 종종 사나운 괴물처럼 보인다.

하지만 그 '괴물'은 좀처럼 몇 센티미터를 넘지 않는다.

맞은편
Haplophryne mollis
심해흰아귀
Deep-sea white anglerfish

동갑

크기 | 8cm(암컷), 2cm(수컷)
수심 | 1,000~4,000m

대부분의 아귀 종은 암컷과 수컷의 모습이 다른, 성적 동종이형이 매우 두드러진다. 수컷은 아주 작고, 그 수가 암컷보다 15~30배는 많다. 따라서 이들의 첫 번째 어려움은 거대한 심해에서 희귀한 암컷을 찾아내는 일이다. 일단 짝을 찾게 되면 '기생적인' 수컷은 구부러진 이빨로 암컷에 단단하게 달라붙는다. 진화가 수컷에게 남긴 유일한 역할은 정자낭의 역할로, 삶의 유일한 목적은 오로지 암컷을 수정시키는 것이다. 이 아귀의 눈 사이에 단추처럼 튀어나온 것은 생물발광 유인 장치이다.

"빨갛고 검고 라일락 색을 닮은 희한한 생명체들이 여기저기 돌아다닌다.

우리들 눈에는 그들이 갖춘 기관이 괴물 같아 보인다.

그러나 자연이 생명체에 가하는 조건들이 마치 지구 밖에서나 볼 수 있을 것 같은

그런 서식지에서 이들은 이런 기관을 사용하여

걷고, 헤엄치고, 기어가고, 정착하고, 보고, 느끼고, 싸우고……

한 마디로, 살아가고 있다."

모나코의 알베르 1세 공, 1902년

지옥에서 온 흡혈오징어

밤피로테우티스 인페르날리스(*Vampyroteuthis infer-nalis*)라는 이름은 글자 그대로 '지옥에서 온 흡혈오징어'라는 뜻이다. 1903년 처음으로 이 희한한 두족류를 잡았던 독일의 생물학자 카를 훈(Carl Chun)은 그런 인상을 받았다. 심해 동물상을 연구했던 윌리엄 비비는 1926년 이 생물을 "아주 작지만 무시무시한 문어로, 밤처럼 까맣고, 상아색의 턱과 핏빛같이 빨간 눈을 가졌다."라고 묘사했다. 이 두

연구자 중 누구도 흡혈오징어를 자연 서식지 속에서 관찰하지는 못했다. 그들이 저인망에 잡힌 표본을 보고 묘사한 내용 때문에 흡혈오징어는 흉악한 생물이라는 명성을 얻었다. 반은 오징어이고 반은 문어인 이 잡종은 심해의 비공식 마스코트가 되었다. 그것은 생물학자 스티븐 해덕이 지적했듯이 이 생물이 무시무시한 심연의 드라큘라처럼 행동해서가 아니라 정말 예외적인 모습을 하고 있었기 때문이었다.

밤피로테우티스 인페르날리스는 심해에서 은신처를 찾는 희귀하고 진정한 살아 있는 화석 중 하나로, 그 기원은 2억만 년 이상 거슬러 올라간다. 문어와 오징어, 두 동물의 특징을 가지고 있기 때문에 이 둘의 공통된 조상이기도 하다. 다리가 여

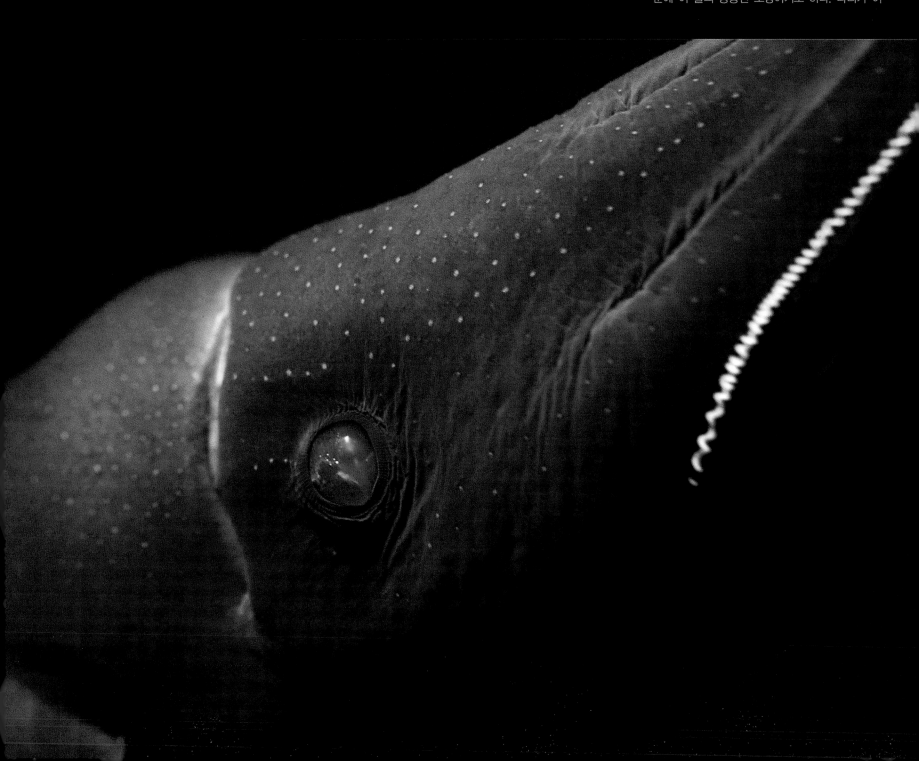

덮 개이고 큰귀문어처럼 지느러미가 머리에 있어서 문어로 여겨지기도 하지만, 오징어들이 사냥할 때 쓰는 긴 수축성 섬유를 두 개 가지고 있어서 오징어로 여겨지기도 한다. 이 놀라운 두족류는 너무나 특이해서 밤피로모르파(Vampyromorpha)라는 별도의 목(目)이 만들어졌다. 이 오래된 생물의 또 다른 두드러진 특징은 산소극소층(oxygen minimum layer[OML])에서 영원히 지낼 수 있는 능력이다. 해수면으로부터 첫 1킬로미터에 살고 있는 수많은 종들이 산소를 소비해버리기 때문에 수심이 깊어질수록 사용가능한 산소는 줄어든다. 따라서 수심 500~1,000미터 사이 지점에 이르면 산소량이 수

면 공기에서 얻을 수 있는 산소의 5%도 안 된다. 1,000미터 이하에서는 극지방에서 심해로 가라앉는 찬물이 산소를 새롭게 공급해준다. 두족류의 대부분은 산소가 수면 공기의 50% 미만인 곳에서는 살 수 없다. 그들은 하루에 몇 분, 심지어 몇 시간씩 이런 층을 돌아다닐 수는 있지만 그곳에 계속 머물지는 못한다.

밤피로테우티스 인페르날리스는 어떻게 이렇게 생리적으로 대단한 일을 해내는 것일까? 비결은 물에서 산소를 매우 효율적으로 뽑아낼 수 있는 호흡색소(혈색소)에 있다. 매우 느린 대사 작용(두족류 중 가장 느리다.)과 함께 바로 이런 특징 덕택에 흡혈오징어는 다른 종들에게는 완전히 적대적인 환경에서 일상생활을 지속할 수 있다. ●

맞은편, 아래

Vampyroteuthis infernalis
흡혈오징어 Vampire squid

크기 | 30 cm
수심 | 650~최소 1,500 m

135

동
물

흡혈오징어는 어린 개체에서 성체로 넘어갈 때 이중의 지느러미 한 쌍을 지니게 되는데, 그 모습이 마치 어울리지 않는 네 개의 귀처럼 보인다. 지느러미는 점차 작아져서 완전히 사라진다. 흡혈오징어는 방어 수단으로 유독한 생물발광 구름을 다리 끝에서 뿜어대는데, 이것은 10분 가까이 번쩍거리기도 한다.

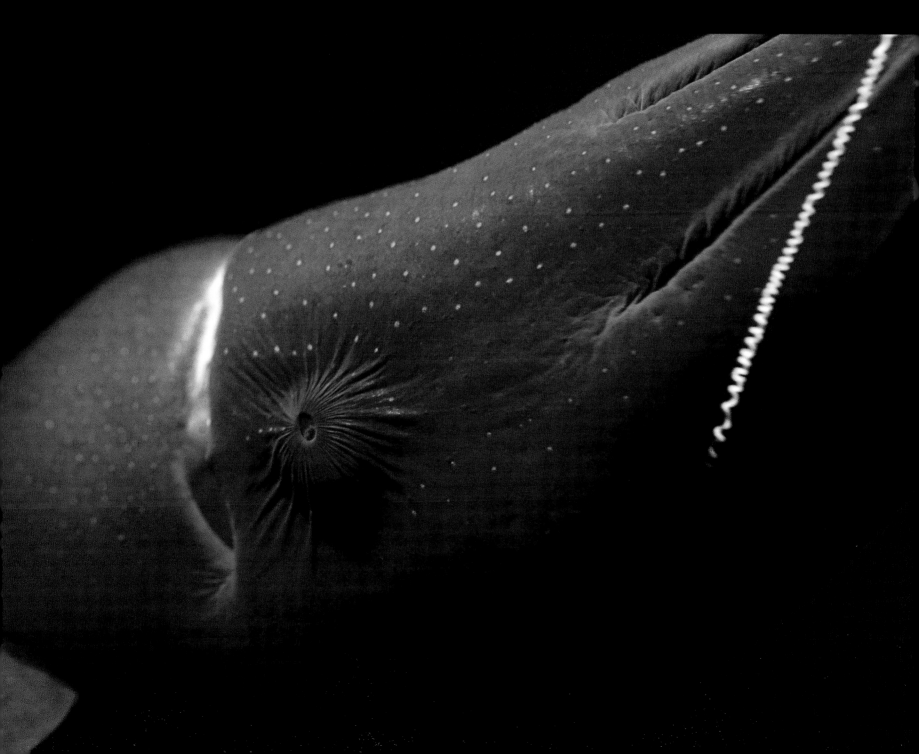

왼쪽

Himantolophus paucifilosus
축구공고기 | Football fish

크기 | 최대 45cm(암컷)
수심 | 1,000~4,000m

마치 바늘땀처럼 몸 전체에 진주가 점점이
박힌 듯한 이 동물은 프랑켄슈타인의 괴물
형상을 강렬하게 상기시켜 마치 메리 셸리
가 디자인한 것 같다. 몸에 점점이 박힌 것
은 감각 기관인 신경소구이다. 이것이 표피
밖으로 돌출되어 있어 물이 살짝만 움직여
도 변화를 감지할 수 있다. 표층에 사는 물
고기의 경우 이 신경소구가 관(管) 안에 들
어 있다. 그렇지 않다면 파도와 진동의 자
극을 너무 심하게 받게 될 테니까 말이다.

위
Hymenocephalus italicus
유리머리민태 Glasshead grenadier

크기 | 25cm
수심 | 100~2,000m

가운데
Chiasmodon niger
검정꿀꺽이고기 Black swallower

크기 | 10cm
수심 | 1,500~4,000m

아래
Saccopharynx sp.
풍선장어 Gulper eel

크기 | 2m
수심 | 2,000~3,000m

심해 어류는 특히 가혹한 환경 속에서 생
존한다. 저 아래는 춥고 어두우며, 테오도
르 모노의 표현을 빌리자면 "배고픈" 곳이
다. 이러한 황량한 서식지에서 견뎌내기 위
해 심해 어류는 다소 놀라운 특징을 개발
해냈다. 유리머리민태는 칠흑 같은 밤에 먹
이 찾는 것을 도와주는 커다란 눈과, 물의
저항을 거의 주지 않는 유난히 길고 유선
형인 꼬리를 가지고 있다. 풍선장어는 과도
하리만치 큰 턱 때문에 기괴하고 사나운
커밋 개구리처럼 보인다. 이런 큰 턱은 깜
짝 놀랄 정도로 크게 벌어지기 때문에 먹
이를 통째로 삼킬 수 있다. 매우 다행스럽
게도 풍선장어는 검정꿀꺽이고기처럼 위가
늘어나서 어떤 크기의 먹이든 먹을 수가
있다. 이러한 극한의 적응은 자기 몸통보다
훨씬 큰 포유류를 삼킬 수 있는 비단구렁
이를 떠올리게 한다.

맞은편
Scopelogadus beanii
네모코투구고기
Squarenose helmetfish

크기 | 12cm
수심 | 800~4,000m

이 물고기의 일반명은 중세 기사들이 머리
에 썼던 투구와 관련이 있다. 콧구멍에 비
교하면 눈은 작은 편이다. 이 물고기가 사
는 수심에서는 시각이 후각에 비하여 부차
적인 것임을 알 수 있다.

뒷장 양면
Stomias boa
비늘발광멸 Scaly dragonfish

크기 | 32cm
수심 | 200~1,500m

이 동물은 뺨의 수염 끝에 달린 생물발광
기관으로 먹이를 유인하는데, 먹이가 가까
이 다가오면 번개같이 빠른 속도로 턱을 앞
으로 혼든다.

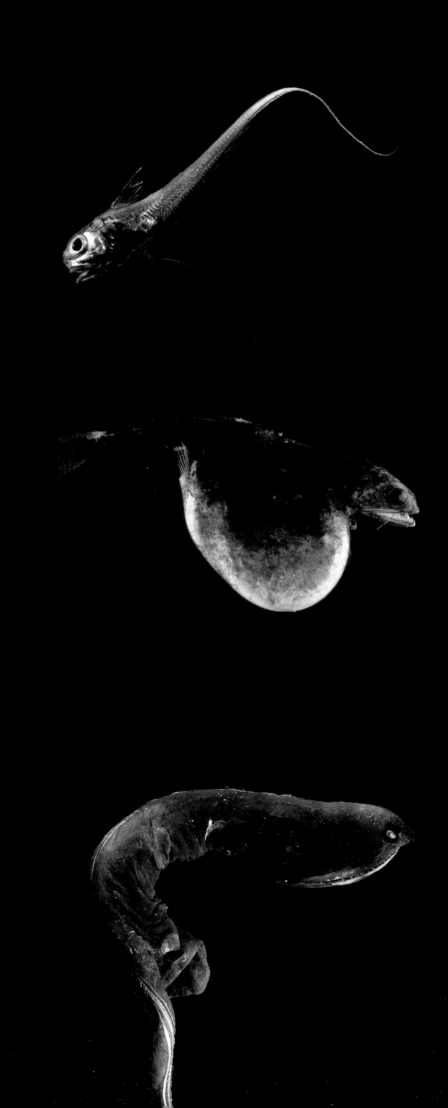

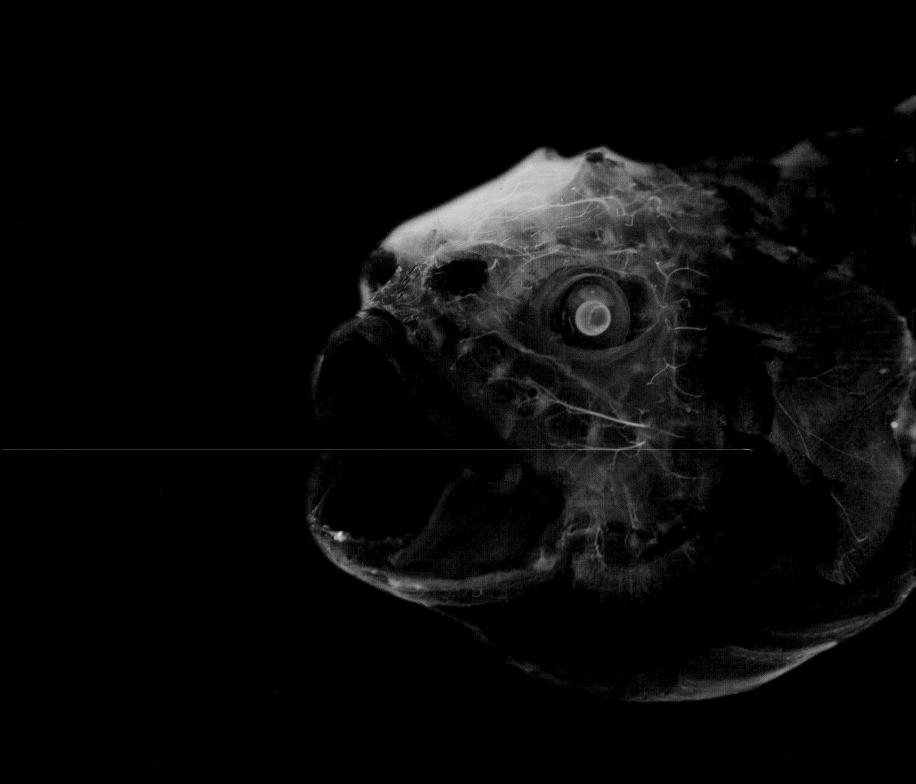

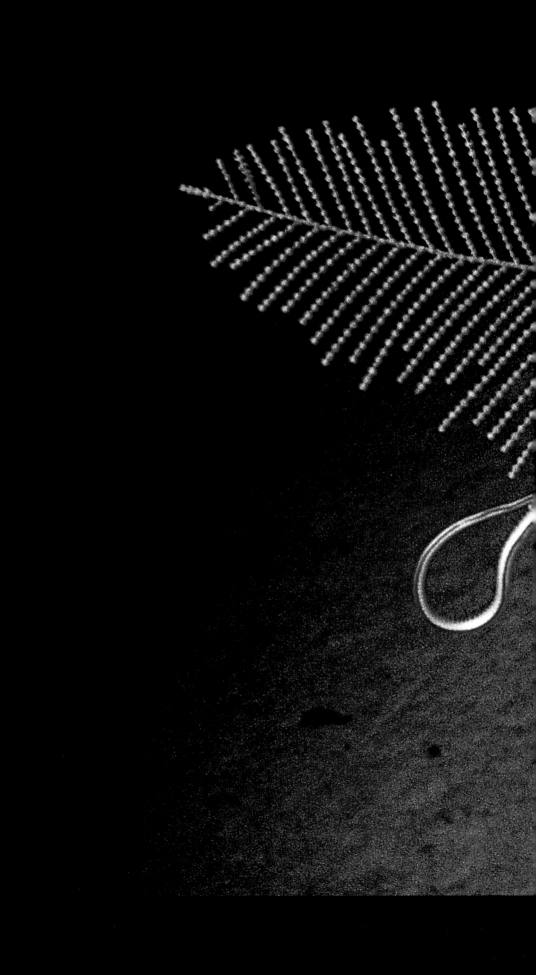

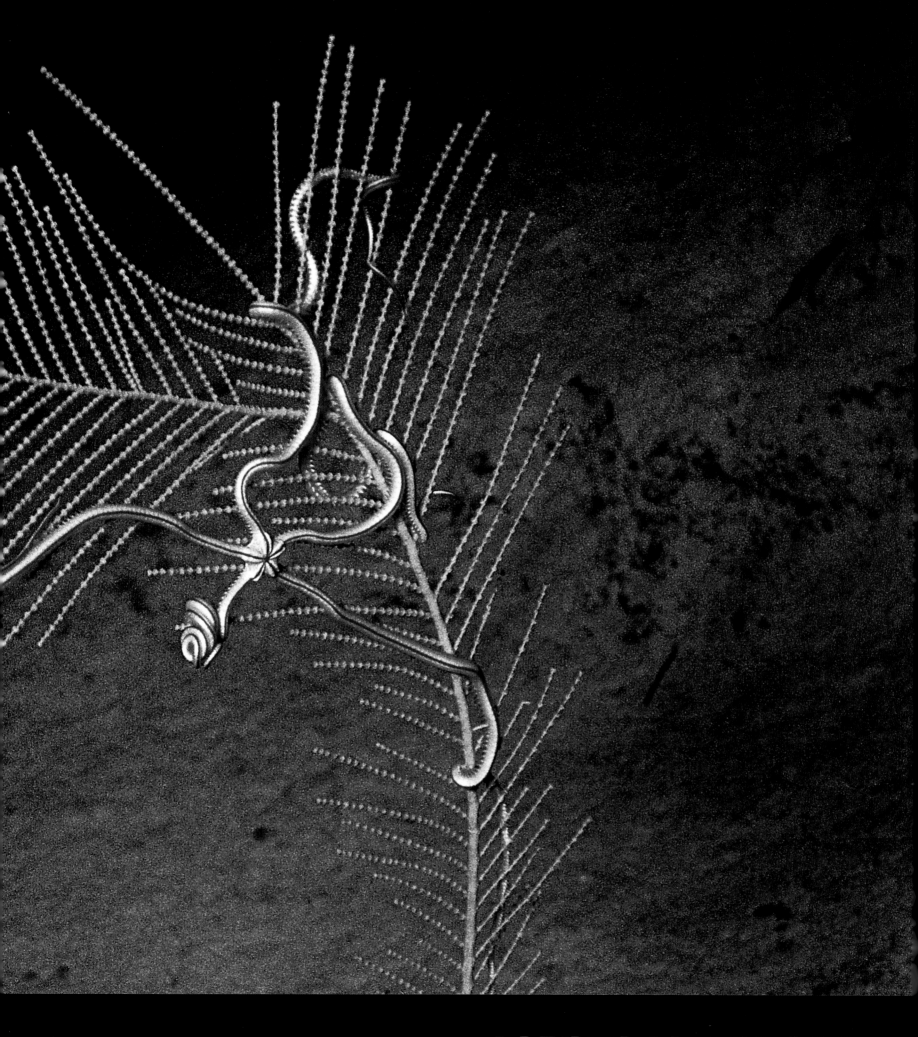

심해저의 생명체

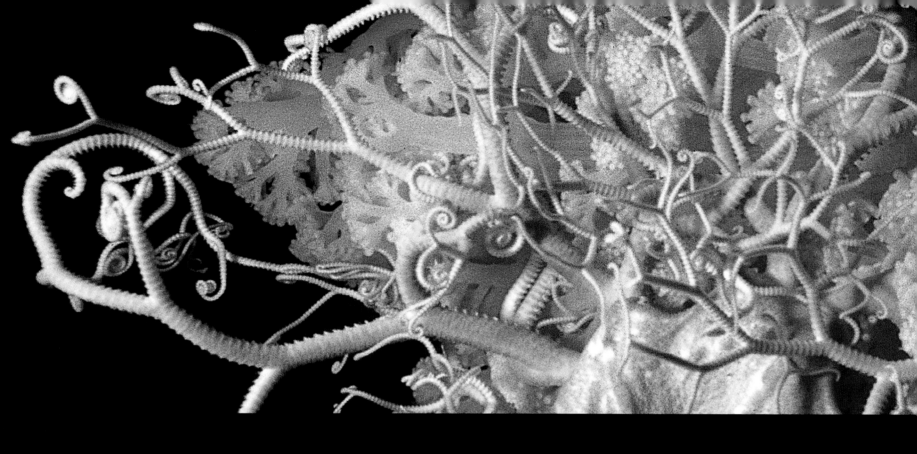

오랫동안 심해저는 생명이 없는 광활한 진흙 바닥으로 여겨졌다. 오늘날 우리는, 표층에서부터

내려오는 자원이 보잘것없이 적지만 그래도 무려 천만 종에 달할 것이라

추정하는 다양한 저서동물들을 먹여 살리기에 충분하다는 것을 알고

있다. 거대한 심해 산호초와, 해산과 열수분출공같이 많은 생물들이

살고 있는 조밀한 생태계의 놀라운 발견은 심해저에 대한 우리의 인식을

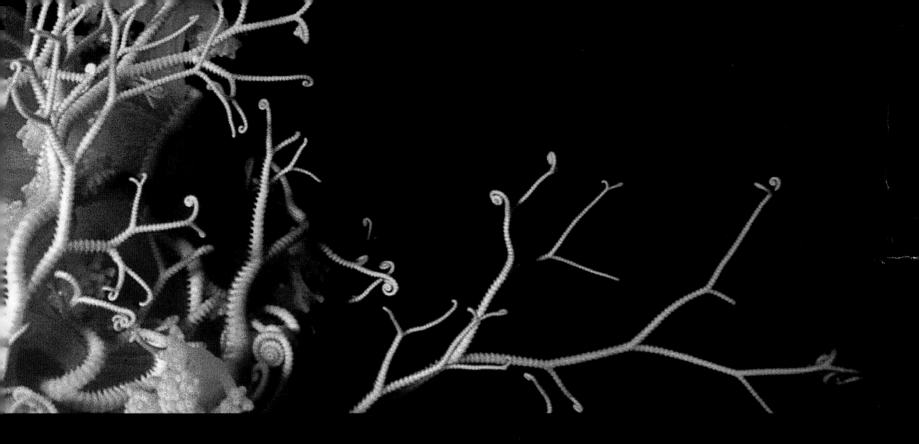

완전히 바꿔놓았다. 이러한 발견은 심해저가 매우 다양한 서식지라는

사실을 알려주었다. 사실 유독성 액체에서 에너지를 뽑아내는 화학합성

동물 군집의 생물량은 심해 평원 전역에 걸쳐 발견되는 생물량보다 8천

배는 더 많다. 다음 장들은 심해저에서 새롭게 발견된 생태계에 대한

우리의 호기심을 충족시켜줄 것이다.

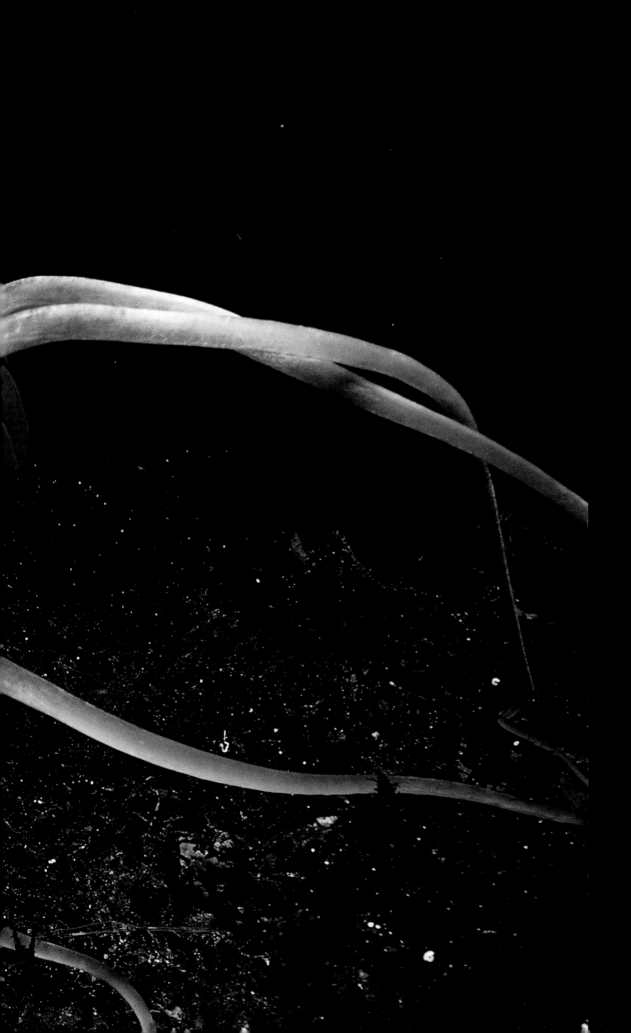

142〜143쪽

Asteroschema sp.
거미불가사리류

크기 | 30cm(펼친 길이)
수심 | 800m

거미불가사리류는 때로 뱀같이 휘는 팔로,
이 사진에서처럼 바다부채산호(*Calli-
gorgia* sp.) 같은 다른 동물을 휘감고서
해류 속에서 먹이를 낚아챈다. 공격을 받
으면, 도마뱀의 특징으로 잘 알려진 자기
절단을 통해 거리낌 없이 포식동물에게
팔을 하나 떼어준다. 잃어버린 부속지는
천천히 재생된다.

앞장 양면

Gorgonocephalus caputmedusae
삼천발이류
Gorgon's head, basket star

크기 | 6.5cm(중앙 원반)
수심 | 50〜최소300m

삼천발이류는 불가사리와 거미불가사리의
친척이다. 평소에는 가지 친 팔을 공처럼
움츠리고 있다가, 먹이를 잡을 때는 해류에
노출된 곳에 자리를 잡고서 아주 우아하고
천천히 팔을 펼친다.

왼쪽

Periphylla periphylla
헬멧해파리류 Helmet jelly

크기 | 최대 1m
수심 | 0〜7,000m

놀랄 만큼 거대한 이 해파리는 노르웨이의
피오르드에서 예기치 않게 증식하는데, 바
다보다 이곳에서 천 배는 더 많다. 지난 20
년간 이 특별히 격리된 생태계에서 주요
포식자가 된 페리필라 페리필라(*Periphylla
periphylla*)는 취할 수 있는 모든 자원을
먹어치움으로써 나머지 동물들에게는 위험
한 경쟁자가 되었다.

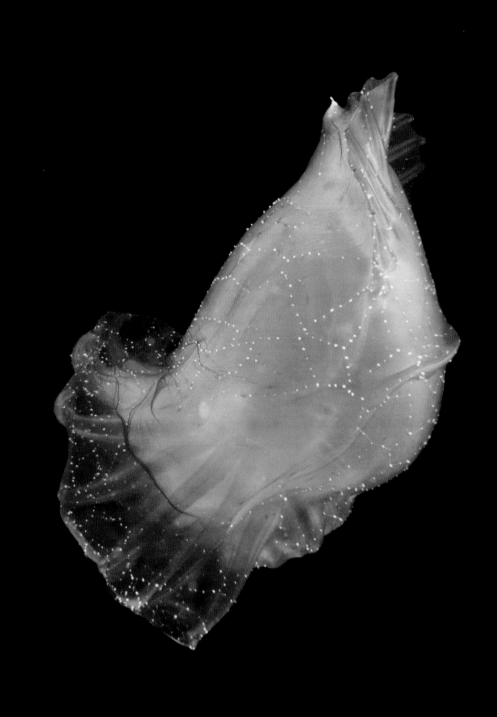

앞장 양면 왼쪽

Archaeopneustes hystrix
염통성게류

크기 | 20cm
수심 | 300~650m

작은 병사들의 무리인 양, 이 성게 군집은 심해 평원을 지나가며 퇴적물 속의 유기 분해물 입자를 먹는다. 이 종은 최대 60마리에 달하는 개체들이 거의 항상 무리를 지어 살아간다. 가시를 서로 접촉하며 결합을 유지하는 듯하다.

앞장 양면 오른쪽

Enypniastes eximia
심해에스파냐춤꾼
Deep-sea Spanish dancer

크기 | 최대 35cm
수심 | 500~5,000m

이 해삼은 기저층을 떠나 물속으로 이동할 수 있는데, 때로는 바닥에서부터 수십 미터 위까지 올라간다. 심해에스파냐춤꾼은 특이한 방어 기작을 보여준다. 공격을 당하면 표피가 빛을 밝히고 분리되면서 공격자에게 들러붙는다. 포식자가 되려 했던 동물은 떨쳐버릴 수 없는 끈끈한 생물발광 마스크를 얼굴에 뒤집어쓰고 결국은 잡아먹히기 쉬운 먹이 신세가 되어버린다.

왼쪽

Alicia mirabilis
해변말미잘류

크기 | 40cm
수심 | 10~300m

젤라틴질 돌기가 가득한 이 희한한 형태의 말미잘은 전문가들만이 알아볼 수 있었다. 때로는 촉수를 불규칙하게 퍼덕이면서 헤엄쳐 다니는데, 이때 가느다란 독성의 촉수들을 발 안쪽으로 끌어 모은다. 이런 동작을 하면 거의 해삼처럼 보이기 때문이다. 이 동물은 잠수정 조종사가 케이맨 제도에서 촬영했다.

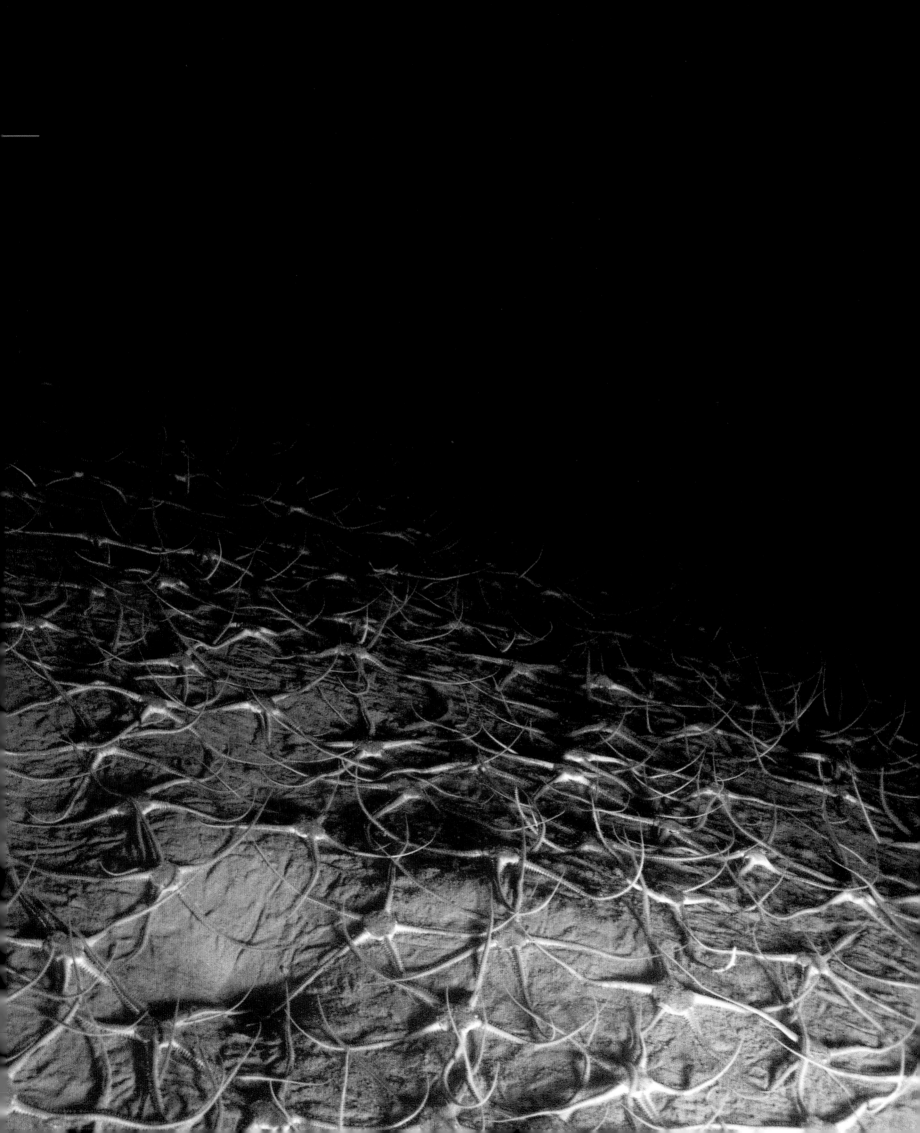

Ophiura sp.

빗살거미불가사리과

크기 | 25cm

수심 | 900m

이 거미불가사리 군집은 1제곱미터당 개체 수가 수백 마리에 달하는데, 이는 심해저가 생명체 없는 사막이라는 생각을 뒤집는다. 이 불가사리의 사촌들은 사진에서처럼 왜 다른 개체 위에 쌓이는 것일까? 한 가지 가능성은 이들의 거대한 만남이 먹이 입자들의 흐름에 특별히 잘 노출된 곳에서 일어난다는 것이다. 또 다른 가능성으로 이 생물들은 생식 활동 주기에 반응하고 있는 것인지 모른다.

크레이그 M. 영Craig M. Young 박사
미국 오리건 해양생물학연구소

심해저:
생명 없는 사막?

한때 편평하고 생명이 없는 사막으로 생각되었던 심해저가 지금은 히말라야 산맥보다도 지형적 기복이 더 심하며, 동물의 다양성은 아마존 우림과 그레이트배리어리프(대보초)를 합친 것을 능가한다고 알려져 있다. 육지의 평균 고도가 약 0.75킬로미터인데 반해 바다의 평균 수심은 대략 3.2킬로미터로, 심해는 지구에서 가장 큰 서식지이며, 심해저는 동물이 살아갈 수 있게 해주는 지구 최대의 표면이다. 실제로 지구상의 마른 땅을 모두 불도저를 사용해 바다로 밀어넣는다 해도 바다 부피의 23분의 1 정도밖에 채우지 못할 것이다. 히말라야 산맥, 알프스 산맥, 로키 산맥 모두 중앙해령에 비하면 너무나 작다. 대서양의 중앙부에 남북으로 길게 뻗어 있는 거대한 해저 산맥인 대서양 중앙해령은 아이슬란드와 아조레스 제도 같은 소수의 섬만이 드문드문 파도 위로 엿보일 뿐이다. 심해저의 엄청난 광활함에 그저 놀라울 따름이다.

동물들이 스스로 만들어내는 생물발광과 열수분출공에서 나오는 희미한 빛을 제외하고 심해는 온통 어둠뿐이다. 너무 어두워서 식물이 자라지 못할 정도라, 심해의 모든 생물은 미생물 아니면 동물이다. 심해의 숲에는 나무 대신 말미잘, 산호, 관벌레(서관충) 등과 같은 동물이 있다. 심해 평원에는 풀이나 관목 대신 떠돌아다니는 동물 무리들이 있다. 누와 영양 대신 심해 성게, 해삼 무리들이 이러한 평원에서 풀이 아니라 진흙을 먹이 삼아 지낸다. 계속된 어둠과 높은 압력, 거의 얼어버릴 것 같은 온도, 희박한 먹이에도 불구하고 동물들은 북극에서 남극까지, 대륙의 가장자리에서 가장 깊은 해구까지 실질적으로 모든 심해저를 차지하고 있다.

심해저의 4분의 3가량은 대단히 편평하다. 수심 4,000~6,000미터 심해 분지에 있는 광활한 심해 평원은 상층 바다에서 살다 죽는 작은 식물, 원생생물, 동물들의 잔해와 뼈대로 덮여 있다. 비교적 얕은 바다(대부분이 수심 3,000~5,000미터 미만인 곳)에서 미세한 원생생물(유공충), 조류(인편모조류), 달팽이(익족류)의 칼슘 뼈대가 가라앉아 석회질 연니(軟泥)로 알려진 부드러운 백악질의 퇴적물을 형성한다. 더 깊은 곳에서는 칼슘이 용해되어 주로 방산충 원생생물과 규조류의 실리카(유리) 뼈대로 이루어진 퇴적물을 남긴다. 매우 투명하고 빈영양(貧營養) 상태의 사르가소 해와 중앙해역의 다른 비생산적인 지역의 해저에는 퇴적물에 뼈대가 거의 없다. 대신 공기로부터 해수면 아래로 가라앉는 미세한 화산재와 사막 먼지로 이루어져 있다.

심해 평원의 편평하고 단조로운 외관은 이곳의 생물다양성에 대해 잘못된 인상을 남긴다. 미세한 해저 퇴적물을 조심스럽게 걸러보면 대부분의 작용은 바닥 밑에서 이루어지고 있음을 알게 된다. 엄청난 수의 미세한 벌레, 조개, 달팽이, 거미불가사리, 희한한 갑각류들이 퇴적물에 굴을 파고 숨어 있거나 진흙 사이를 천천히 움직이면서, 먹고 새끼를 낳고 생존하는 오래된 드라마를 연출하고 있다. 잠수정 창 밖으로 진흙의 해저를 자세히 바라보면 흔적, 자국, 작은 언덕, 구멍, 홈 등의 형태로 이런 드라마의 자취가 드러난다. 기다란 벌레들은 점액으로 덮인 몸을 깊은 굴 밖으로 길게 늘여 내밀고 몸이 닿을 수 있는 곳에서 진흙을 쓸어 모아 별 모양의 구덩이를 만든다. 새우, 가재, 조개는 구멍에서 퇴적물을 뿜어내 칼데라 같은 화산 분화구 모양의 작은 언덕을 만들어낸다. 퇴적물 위에서는 수많은 해삼이 촉수를 핥으며 진흙 표면을 쓸고 지나간다. 박테리아로 가득한 진흙을 거둬들이는 끝없는 작업에서 이들의 몸을 추진시키는 것은 미세한 관족들이다. 이 느릿느릿 무겁게 움직이는 동물들이 방해를 받으면 일부는 바닥에서 위로 뛰어올라 놀랄 정도로 우아하게 춤을 추며 사라진다. 부드럽고 풍선 같은 몸을 가진 심해 성게는 유연한 젤라틴질 자루를 과시하는데, 이 속에는 매우 유독한 보호 가시가 숨겨져 있다. 규질 골격과 뿌리를 가진 섬세한 해면은 물속으로 몸을 뻗어 박테리아를 걸러내는 동시에 거미불가사리, 바다나리,

게에게 바닥에서 떨어진 곳에 집이 되어준다. 어떤 물고기들은 삼각대 같은 지느러미로 조용히 서 있다가 해류에 실려 오는 게 있으면 뭐든지 낚아챈다. 다른 것들은 머리를 아래로 향하고 서성이면서 방심한 동물들이 퇴적물로부터 나타나기를 기다린다. 심해 장어, 은상어, 상어들은 바닥 위를 어슬렁거리며 먹이 뒤를 몰래 쫓고, 썩은 고기 냄새를 찾아다닌다.

심해저에서 대부분의 여건은 꽤 안정적이다. 몇 년, 몇 년, 심지어 몇천 년이 지나도 압력, 온도, 염분 농도는 실질적으로 변하지 않는다. 따라서 과학자들이 비교적 최근에 소수의 심해 동물들이 연중 특정한 시기에 생식을 한다는 사실을 알아냈을 때, 사람들은 놀라움을 감추지 못했다. 심해의 성게와 거미불가사리는 도대체 봄인지 가을인지를 어떻게 아는 것일까? 그 답은 먹이의 공급에 있는 것 같다. 화학에너지에 의해서 생태계가 움직이는 열수분출공을 제외하고 심해저이 모든 동물들은 궁극적으로 상층부 물속에서 죽고 사는 동식물에 의존한다. 위에서 내려오는 죽은 물질이 결국에는 바닥으로 가라앉고, 상층부 물속의 플랑크톤 생산이 빛과 양분의 계절주기를 따르기 때문에 죽은 플랑크톤이 바닥에 도달하는 것도 계절주기를 갖는다. 따라서 새로 도착하는 플랑크톤 사체(유기퇴적물)로 배를 채우는 동물들은 연중 어느 특정한 때에 더 많은 에너지를 난자와 정자 생산에 투자할 수 있다. 일단 생식선이 만들어지면 동물들은 완전한 암흑 속에서 짝을 찾아야만 한다. 수많은 성게와 해삼은 일 년 내내 거의 혼자서 돌아다니다가, 짧은 번식기 동안 같은 종의 다른 개체를 만나 짝을 짓는다. 전적으로 우연히 만나는 건지, 아니면 화학적 냄새로 서로 연락을 하는 건지는 아무도 모른다.

심해저가 전부 평평하고 진흙투성이인 것은 아니다. 중앙해령은 화산암으로 이루어져 있으며, 해산이라고 하는 바다의 활화산과 휴화산도 마찬가지이다. 비교적 가파른 대륙 주변부도 암석으로 되어 있는데, 빙산이 녹아내리면서 돌이나 표석을 해저에 떨어뜨리기 때문이다. 바위가 발견되는 곳에는 모두 그 돌에 영구히 붙어서 사는 특수한 동물들이 있다. 유령같이 하얗고 거대한 산호초가 해저에서 수 미터 높이로 뻗어 있는 경우도 있다. 자루가 달린 바다술류(바다나리)는 바람에 날리는 긴 우산처럼 해류 속에서 구부러져 있다가 자신을 지나치는 물로부터 미세한 입자들을 수집한다. 차극목(叉棘目)의 특수한 불가사리들은 집게로 덮인 팔을 위로 뻗어 작은 새우 다리를 움켜잡는다. 넓적한 입을 가진 육식성 멍게는 운 나쁜 새끼 물고기가 내려오길 기다렸다가 파리지옥풀처럼 먹이를 낚아챈다. 바닥에서 위를 향해 뻗어 있는 해면, 바다나리류, 바다부채산호에는 다양한 동물들이 산다. 깨끗하고 먹이가 제한된 심해의 물속에서 해류에 최대한 노출되는 높은 지점이야말로 가장 좋은 장소이다. 따라서 종종 표석 위나 해산 정상에서 가장 화려하고 다양한 동물 군집이 발견된다. ●

맞은편
Tuscaridium cygneum
방산충류 Radiolarians

크기 | 1.2cm
수심 | 400~2,200m

우주의 별자리를 닮은 이 방산충들은 수영은 못하는 대신 심해의 물속을 떠다닌다. 동물 플랑크톤의 일원인 이들은 원시적인 단세포 유기체로, 가끔씩 가시 모양의 돌기로 무장한 구형 군집을 형성한다. 이들은 식물 플랑크톤을 먹으며, 요각류, 해파리 및 기타 젤라틴질 생물들과 같은 동물 먹이를 먹기도 한다. 죽은 뒤에는 규질의 뼈대가 해저로 쏟아져 심해 퇴적물의 주요한 구성 물질이 된다. 투스카리디움 키그네움(*Tuscaridium cygneum*)은 방해를 받으면 생물발광으로 빛을 낸다.

오른쪽

Bathynomus kensleyi
거대등각류 Giant isopod

크기 | 40 cm
수심 | 310~2,140 m

1,300종에 달하는 등각류 가운데 가장 큰
종은 뜻밖에도 극한의 심해에서 살고 있다.
이런 현상은 '심해 거대화현상'으로 알려져
있다. 심해에는 포식동물들이 희귀하며, 동
물 개체수도 희박하다. 먹이는 부족하기는
해도 최소한 일정 수준은 유지된다. 이런
요인들이 비교적 안정적인 환경을 만들어
내어 일부 생물들로 하여금 속도는 느리지
만 지속적으로 자랄 수 있게 해준다. 덕분
에 표층에 사는 다른 동족보다 훨씬 크게
자란다.

뒷장 양면 왼쪽

Umbellula magniflora
늘어진바다조름 Droopy sea pen

크기 | 1m이상
수심 | 600~6,100 m

이 바다조름은 물로 부풀어 오른 구근 같
은 발을 사용하여 진흙 퇴적물에 뿌리를
박는 일종의 산호이다. 줄기가 해저에서 1
미터 이상 위로 뻗어나가기 때문에, 먹이를
섭취하는 부분인 폴립이 바다 바로 위를
흐르는 해류보다 훨씬 강한 해류에 영향을
받는다는 이점이 있다.

뒷장 양면 오른쪽

Peniagone gracilis
판족목(目)의 해삼류

크기 | 8.5 cm
수심 | 200~2,500 m

해삼은 다른 어떤 동물보다 저서생물량의
많은 부분을 차지한다. 그들이 생태적으로
성공한 이유는 불확실하지만 아마도 단순
한 신체 구조와 비교적 낮은 대사량 때문
일 것이다. 입맛이 그다지 까다롭지 않은
이 해삼은 퇴적물 속에서 발견하는 모든
종류의 유기물 입자와 박테리아로 만족한
다. 포식을 한 다음 가끔은 우아하게 굽이
치면서 다른 장소로 헤엄쳐 간다.

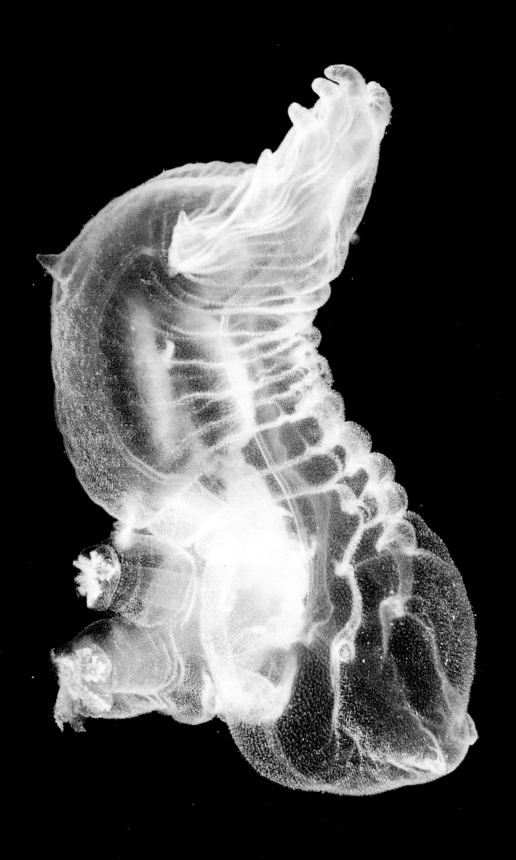

왼쪽

Pannychia moseleyi
발광해삼 Glowing sea cucumber

크기 | 20 cm
수심 | 212~2,598 m

여러 개의 발 덕택에 이 해삼은 이동성이
매우 뛰어나며 매일 넓은 지역에서 먹이를
찾을 수 있다. 이런 점 때문에 우리가 상상
하는 것보다도 훨씬 더 선택적인 식단을
누린다. 위장을 분석해보면 이 동물이 퇴
적물에서 가장 양분이 풍부하고 가장 최근
에 쌓인 유기물 입자를 먹는 것을 확인할
수 있다. 방해를 받게 되면 몸이 청록색의
생물발광 나선으로 반짝인다.

뒷장 양면 왼쪽

Histocidaris nuttingi
성게류

크기 | 직경 12 cm(돌기 제외)
수심 | 300~1,000 m

심해 평원은 해저의 50%를 차지하는 드
넓은 진흙 공간으로, 진흙 위를 가로지르
는 동물들이 수 킬로미터씩 떨어져 있다.
성게 히스토키다리스 누틴기(*Histocidaris
nuttingi*)와 같이 거대형 저서동물의 일부
구성원들은 매일 양분을 취하면서 아주
먼 거리를 이동한다. 그러나 진짜 작용은
진흙 위가 아닌 속에서 일어난다. 대륙으
로부터의 거리와 수심에 따라 1,000년마
다 5밀리미터에서 20센티미터의 유기물이
바닥에 쌓인다. 현미경적 크기의 생물 집
단인 중형 저서동물 전체가 퇴적물 속에
파묻혀서 번성한다.

뒷장 양면 오른쪽

Satyrichthys sp.
철갑성대 Armored sea robin

크기 | 40 cm
수심 | 50~1,000 m

어떤 저서어류는 일생 동안 상당 부분을
영원한 암흑 속에서 홀로 지낸다. 이 성대
는 물 밖으로 나오면 새 울음 같은 소리를
낸다고 해서 '바다울새'라고도 불린다. 납
작한 형태와 희박한 근육 조직을 보면 고
착 생활을 하는 것으로 보인다. 앞쪽에 튀
어나온 뿔은 퇴적물에 파묻힌 먹이를 꺼
낼 때 사용한다.

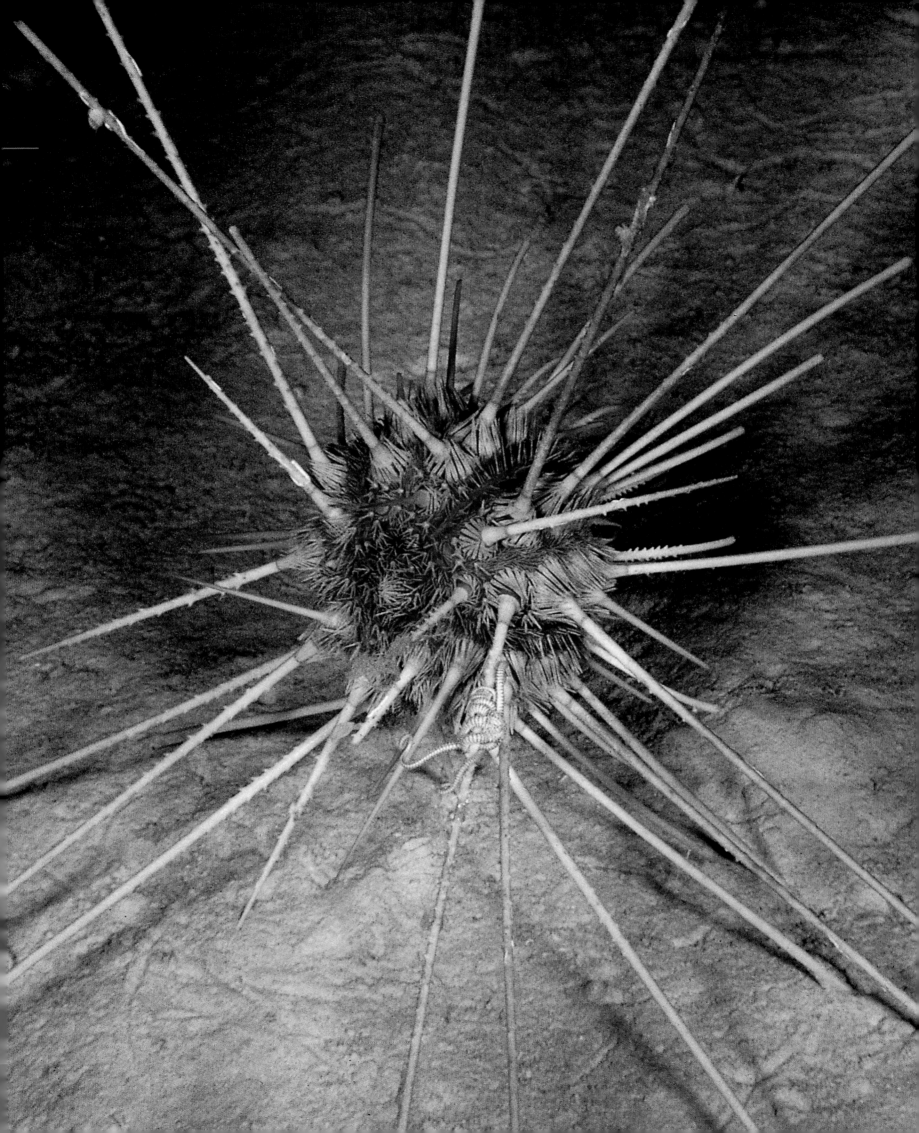

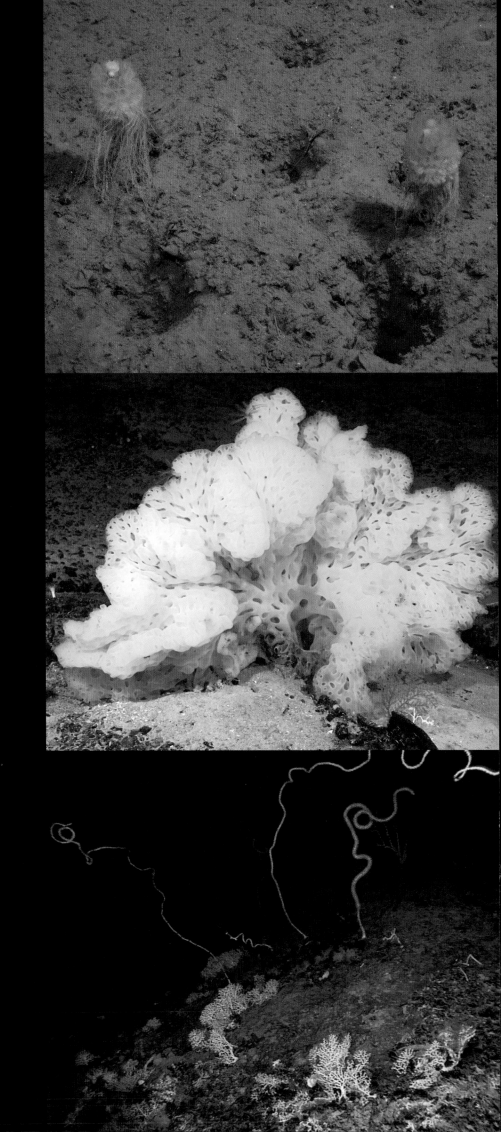

이 사진들은 심해에서 만나게 되는 생물다양성을 보여준다.

포식동물인 파리지옥풀말미잘(Actino-scyphia aurelia, 오른쪽 페이지 맨 위 오른쪽)이 먹이를 기다리고 있다. 이런 이름이 붙은 이유는 유명한 식충식물 파리지옥풀과 놀랄 정도로 닮았기 때문이다. 놀라운 저서성 관(管)해파리(Dromalia alexandri, 왼쪽 페이지 맨 위)가 촉수로 바닥에 몸을 고정하고 있는데, 그 모습이 꼭 이륙을 앞둔 열기구 같다.

심해의 산호는 4~5미터의 비틀린 가지를 가진 미확인 대나무산호(왼쪽 페이지 맨 아래)나 이리도고르기아속(Iridogorgia)의 일종으로 키가 큰 나선 모양의 산호(오른쪽 페이지 맨 아래 왼쪽)처럼 의외의 모습을 하고 있다.

해면은 지구에 가장 먼저 등장한 생물에 속한다. 때때로 놀라운 색깔을 과시하는 육방해면류(hexactinellid, 왼쪽 페이지 가운데)는 심해에서 200년간 자라면서 키가 1미터에 이르기도 한다.

이동성 동물 중에는 세다리물고기류인 바팁테로이스 두비우스(Bathypterois dubius, 오른쪽 페이지 가운데 오른쪽)가 심해 생명의 상징이다. 가슴 지느러미의 살이 이 물고기를 해류 속으로 들어올리는 지지대로 진화했다. 날씬이갈치(Benthodesmus tenuis, 정 가운데)가 물고기로서는 이상한 자세를 취하고 있다. 길이 2미터 30센티미터의 이 거대한 물고기는 아마도 휴식 중인 듯하다.

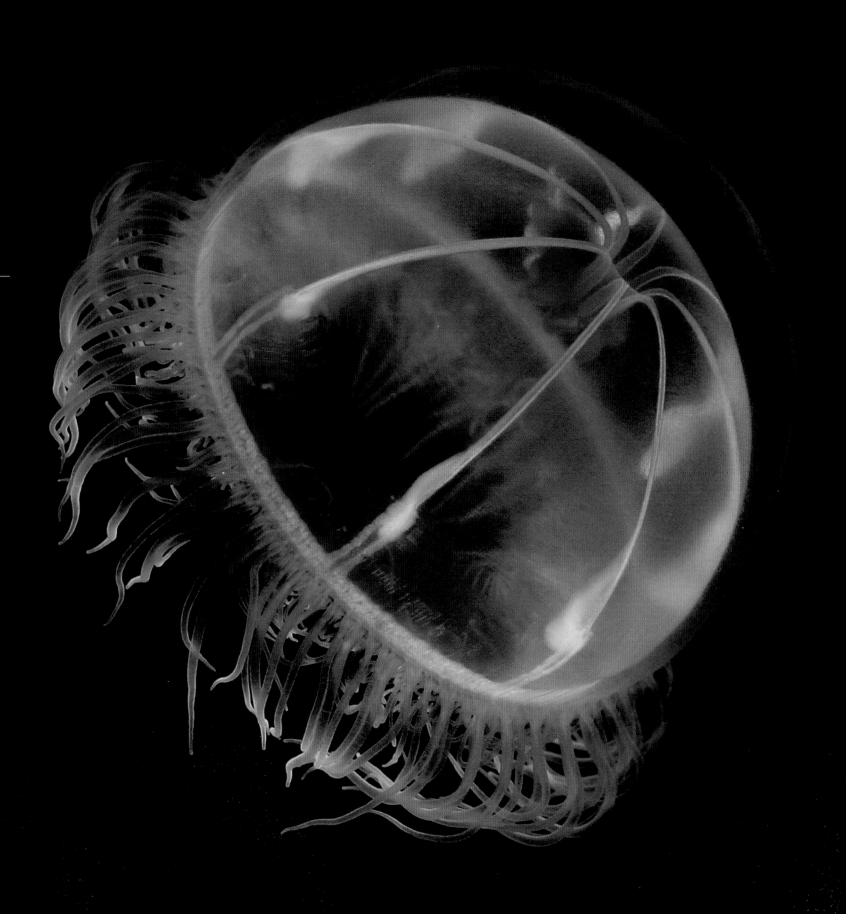

맞은편

Ptychogastria polaris
경해파리류

크기 | 몸체 7cm(촉수 제외)
수심 | 0~3,000m

이 아름다운 해파리는 깊은 바다에서 사는
종이지만, 북극과 남극 해수면 근처에서
관찰되기도 한다. 양극 모두에서 발견되는
동물은 드물며, 일반적으로 종들은 한쪽
극지방 수면층과 심해에서 발견된다.

미하엘 클라게스 Michael Klages **박사**
독일 알프레드 베게너 연구소

극지방의 심해

북극해는 마술과도 같은 대조의 세계이다. 거대한 곰과 너무나 섬세한 심해 문어가 지도상의 똑같은 좌표에서 평화롭게 공존하는 곳이 지구에서 이곳 말고 또 어디 있겠는가? 보통은 수심 수천 미터에서 발견되는 해파리를 스쿠버다이버들이 마주칠 수 있는 곳은? 우리는 북극을 얼음으로 뒤덮인 풍경으로만 그리는 경향이 있지만, 이것은 진짜 모습의 절반밖에 되지 않는다. 최초로 북극에 도달한 탐험가 로버트 피어리가 1909년 자신의 목표를 달성했을 때 그가 서 있었던 곳은 두께 3미터의 얼음층 위였다. 그 얼어붙은 표면 아래에는 깊이가 4,300미터도 더 되는 액체의 바다가 있었다.

동물이 겨우 생존할 수 있는 곳으로 극지방의 빙산 아래, 얼음처럼 차가운 심해보다 더 어려운 곳을 상상하기는 힘들지만, 놀라울 정도로 다양한 심해 생명체들은 이런 조건에 적응했다. 이것은 생각하는 것만큼 그렇게 힘든 일만은 아니다. 사실 북극 아래의 심해 환경은 적도 아래의 심해 환경과 크게 다르지 않다. 그곳은 춥고, 어둡고, 압력은 엄청나며, 먹이는 희박하다. 동일한 동물 그룹, 심지어 동일 종으로 분류되는 많은 생물이 두 군데 서식지에서 동시에 발견된다.

북극 심해의 존재는 놀랄 만큼 오랜 옛날부터 알려져 있었다. 에드워드 포브스가 심해에는 생명체가 없다는 그 유명한 주장을 하기 23년 전인 1818년, 영국의 탐험가 존 로스는 거의 신화에 가까웠던 북서항로를 찾는 과정에서 심해를 조사하다가 수심 1,600미터 깊이의 북극해에서 우연히 삼천발이(*Astrophyton*)를 잡았다.

그러나 전형적으로 북극해는 자신의 비밀을 그리 쉽게 드러내지 않는다. 그곳은 지금까지 전 세계 바다 중에서 가장 덜 알려진 곳이며, 주변 바다로부터 가장 심하게 격리된 곳이다. 땅으로 둘러싸인 북극이 유일하게 심해로 전 세계와 연결된 지점은 아이슬란드와 그린란드 사이의 프람 해협이다. 바다 자체는 깊고 바닥이 편평한 몇몇 분지로 나뉘는데, 이 분지는 미세한 진흙으로 덮여 있고 해령에 의해 분리된다. 그런 해령 중 하나인 1,800킬로미터 길이의 가켈 해령은 전 지구적 중앙해령의 일부분이다. 이 해령은 그 어떤 해령보다도 확장 속도가 느린데, 다른 곳에서는 연간 약 6센티미터씩 확장되는 데 비해 이곳은 0.3~1센티미터씩 확장된다. 가켈 해령의 두드러진 특징은 매우 깊은 곳에 위치한다는 점으로, 대부분의 다른 해령보다 두 배나 깊은 약 5,000미터 수심에 자리한다. 과거에는 이렇게 매우 느리게 확장해가는 해령계에는 열수작용이 극히 미미하거나 아예 없을 것이라고 가정했다. 그러나 오늘날에는 이런 지역이 그동안 연구 조사된 그 어떤 해령보다도 열수작용이 더 활발할 수 있음이 알려졌다. 다른 해령과는 거의 분리되어 있기 때문에 가켈 해령은 아직 발견되지 않은 열수분출공 생명체 종들의 고향임이 거의 확실하다.

심해의 다른 곳에서도 그렇듯이 북극의 심해 분지에 사는 생명체들의 가장 큰 어려움은 먹이를 구하기 힘들다는 것이다. 강렬한 태양이 거의 지속적으로 내리쬐는 여름 동안 중앙북극의 빙산과 그 아래에서 번성하는 미세조류는 수 킬로미터 아래 심해 평원의 생명체들을 지탱해주는 궁극적인 양식이다. 중앙북극의 해저까지 도달하는 먹이 공급량은 너무 빈약하며, 이런 끝날 줄 모르는 기아로 인해 해저 생물량은 1제곱미터당 1그램도 안 되게 제한적이다. 북극의 다른 지역에는 얼음층이 항상 존재하지 않거나 식물 생산성이 무척 높은 곳도 있다. 최근의 기후 변화 예측이 맞는다면 2100년에 이르러서는 여름이 되면 모든 빙관이 사라질 것이고, 이는 북극 심해에 엄청난 결과를 가져올 것이다.

최근 들어, 비로소 얼음 아래 생명체들의 진정한 다양성과 밀도가 알려졌다. 극지방 바다 속에는 놀랄 만큼 다양한 플랑크톤이 발견되기도 한다. 중앙북극에서 생물학자들은 갑각류 100종 이상, 해파리 60종 이상, 화살벌레 10종을 확인해냈다. 신기하게도 몇몇 해파리 종들이 해저에서 수면까지 전역에 걸쳐 발견되기도 한다. 이들은 따뜻한 바다에서는 수심이 매우 깊은 곳에서 생활하는 종들이다. 아마도 북극 해수면 근처의 비교적 춥고 어두운 환경이 이들에게 좀 더 익숙한 심해 서식지를 닮아 있는 것 같다.

북극의 해저에는 극피동물, 벌레, 연체동물 이매패, 해면 등 전 세계 심해 평원을 특징짓는 심해 생물들이 많이 살고 있다. 좀 더 큰 동물들은 극지방의 심해에서는 드물지만, 극지방의 심해를 집으로 살아가는 문어와 오징어가 최소한 6종 정도 있고 얼마간의 어류도 있다. 이들 중 느릿느릿한 6미터 거구의 그린란드상어(Somniosus micro-cephalus)가 가장 크다.

첫눈에 보면 북극해와 남극해가 비슷해 보이지만 이들은 극과 극만큼 다를지도 모른다. 생물학자 앤드루 클라크(Andrew Clarke)가 지적하는 것처럼 서로 다른 점이 비슷한 점을 눙가한다. 남극대륙은 남극을 중심으로 하는 오래된 대륙으로, 바다로 둘러싸여 있다. 바다가 땅으로 둘러싸인 북극 상황에 대한 일종의 음화(네거티브)인 셈이다. 북극의 심해는 지리적으로 다른 바다와 분리되어 있는 반면, 남극해는 대서양, 인도양, 태평양과 깊이 연결되어 있다.

북극이 심해 평원으로 유명하다면 남극은 유별나게 깊은 대륙붕으로 잘 알려져 있다. 대륙붕은 모든 대륙의 땅덩어리가 앞바다로 연장된 얕은 곳이다. 전 세계에 걸쳐 보통 수심이 100~200미터 정도이다. 그러나 남극의 대륙붕은 해저 최대 800미터까지 내려간다. 이는 남극의 대

륙붕이 수 킬로미터 두께로 쌓인 얼음의 무게로 인해 전체가 다 아래로 밀려 내려간 남극 땅덩어리의 일부분이기 때문이다. 빙상 두께가 늘어남에 따라 대륙붕은 과부하된 소형 보트처럼 바다 속으로 가라앉았다.

남극대륙을 에워싼 바다는 계절에 따라 생산적이긴 하지만, 흔히 주장되는 것처럼 전체적으로 남극해가 풍요로운 편은 아니다. 먹이를 구할 수 있는 가능성은 연중 언제냐에 따라 심하게 차이가 나며, 많은 동물들은 이러한 풍요와 빈곤의 삶의 방식에 적응하는 방법을 개발했다. 남극해 최대의 생물학적 성공작 중 하나인 남극크릴은 실제로 겨울 동안 그 크기가 줄어드는데, 이는 딱딱한 껍질이 있는 갑각류에게는 놀랄 만한 업적이 아닐 수 없다.

반복되는 빙하기 동안 남극대륙의 얼음 부피가 늘어나면서 대륙붕의 얼음이 해저 600미터 이상을 덮어 모든 저서생물을 파괴시켰다. 이런 상황에서 살아남는 유일한 방법은 더 깊이 내려가는 것이었고, 이는 동물들로 하여금 변화하는 서식지에 적응하게 만들었다. '다양성펌프'라고 알려진 이런 현상은 새로운 심해 종의 진화를 가져왔고, 이런 종들은 북쪽의 다른 바다로 퍼져갔다. 따라서 극지방은 지구의 심해에서 그저 흥미로운 곳, 그 이상일 수 있다. 이곳이 인류가 첫 발자국을 뗀 곳으로 여겨지는 아프리카지구대에 맞먹는 심해 생명의 요람이 될 수도 있는 것이다. ●

맞은편
Desmonema glaciale
기구해파리류

크기 | 5m
수심 | 알려지지 않음

대형 해파리인 데스모네마 글라키알레(*Des-monema glaciale*)는 그 갓의 직경이 1미터에 달하기도 하며, 리본같이 생긴 기다란 촉수는 최대 5미터에 이른다. 해파리와 빗해파리는 그 수와 다양성 면에서 남극의 표영동물상을 장악하고 있다.

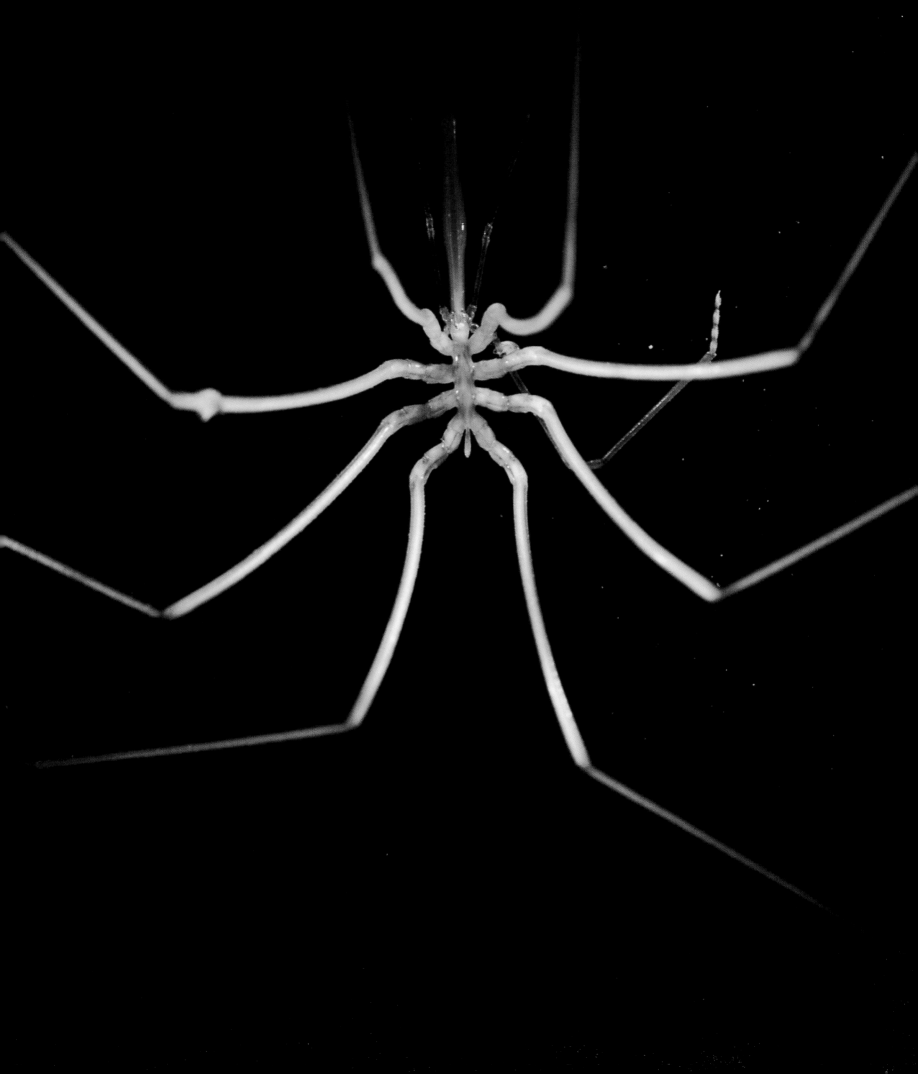

맞은편
미확인 종

크기 | 20 cm(펼친 다리의 폭)
수심 | 알려지지 않음

위와 가운데
Colossendeis sp.
대왕바다거미류 Giant sea spider

크기 | 직경 30 cm
수심 | 10~7,400 m

아래
Ammothea verenae
열수공바다거미 Vent pycnogonid

크기 | 최대 6 cm
수심 | 1,500~2,400 m

바다거미류는 모든 수심의 바다에서 발견
되지만, 심해 종과 이들과 아주 가까운 친
척인 극지방에 서식하는 종들만이 다리를
펼친 폭이 50센티미터에 이른다. 엄청나게
긴 부속지는 이동성을 높여주지만 움직임
은 놀랄 정도로 느리다. 이들은 바닥에서
말미잘처럼 도망칠 수 없는 고착성의 부드
럽고 정지해 있는 먹이를 찾는다. 그리고
밀크셰이크에 빨대를 꽂듯이, 주둥이를 먹
이에 넣고 조직을 빨아들인다. 바다거미류
는 일반적으로 홀로 다니지만, 열수공 주변
에서는 작고 앞을 못 보는 종(*Ammothea
verenae*)이 밀집해 있는 모습을 볼 수 있
다. 이들은 아마도 생식 군집인 것으로 여
겨지는데, 이곳에서 수컷들이 몇몇 암컷들
의 난자를 수집하여 자신의 배에 품는다.
흰색의 솜조각 같은 것은 바다거미류가 먹
는 박테리아 섬유이다.

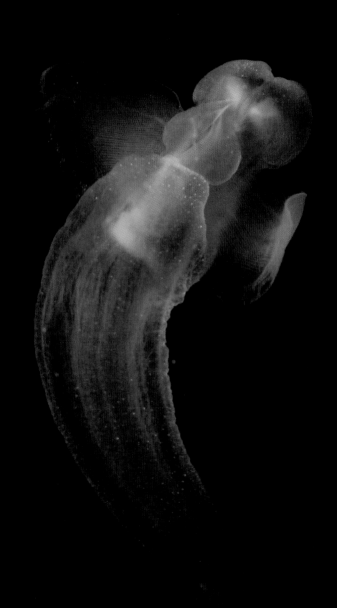

Clione limacina
벌거숭이바다나비 Naked sea butterfly

크기 | 최대 8.5cm

수심 | 0~600m

이 바다나비는 연중 내내 먹지 않고 지낼 수 있지만 먹을 것이 풍부하면 자신이 민첩하고 능력있는 사냥꾼임을 한껏 뽐낸다. 다른 표영성 복족류만을 잡아먹는 이 바다나비는 커다란 갈고리로 껍데기 속에서 복족류를 꺼내 통째로 삼켜버리는 다소 야만적인 식사 습관을 가지고 있다.

Actinostola callosa
해변말미잘류

크기 | 30cm(키)

수심 | 10~1,480m

노르웨이 피오르드의 일부는 특징적으로 경사가 심해서 유광층 아래로 급격히 떨어진다. 이곳에는 말미잘의 일종인 악티노스톨라 칼로사(*Actinostola callosa*)와 해파리의 일종인 페리필라 페리필라(*Periphylla periphylla*) 같은 심해 동물상의 대표적인 동물들이 많이 발견된다. 페리필라 페리필라는 이 말미잘이 즐겨 먹는 동물로, 그 수가 풍부해지면 이 말미잘 역시 매우 널리 퍼지게 된다.

Promachocrinus kerguelensis
바다나리류 Sea lily

크기 | 50cm(펼쳤을 때)

수심 | 10~2,100m

바닥에서 위로 상승하면서 해류는 급격하게 증가한다. 그러나 기저층 바로 위에는 해류가 없다. 그래서 심해 생물들에게 머무는 높이는 대단히 중요하다. 몇 센티미터만 올라가도 물에 떠다니는 먹이를 잡을 가능성은 높아진다. 이런 이유로 사진에서 바다나리가 해면을 이용하는 것처럼 많은 해저 생물들은 광물이나 동물들을 보금자리 삼는다. 이 남쪽 바다에서 가장 크고 가장 많은 바다나리는 왕관같이 드리운 팔로 먹이를 가로챈다. 그러면 작은 섬모들이 몸 가운데 있는 입으로 양분을 가져간다.

"특별한 관심이 끝없이 새롭게 생겨나는 유일한 곳,

나는 박물학자들에게 약속의 땅은……

심해저라고 깊이 확신했다."

찰스 와이빌 톰슨 경, 1872년

앞장 양면 왼쪽
Periphylla periphylla
헬멧해파리류 Helmet jelly

크기 | 최대 1m
수심 | 0~7,000m

이 해파리는 대개 아주 깊은 바다에서 발견되지만, 극지방의 생활 조건이 심해에서의 조건과 충분히 비슷하기 때문에 극지방 해수면에서도 일부 볼 수 있다. 페리필라 페리필라(*Periphylla periphylla*)는 세계에서 가장 널리 퍼져 있는 심해 해파리일 가능성이 매우 높다.

앞장 양면 오른쪽
미확인 종

크기 | 30cm
수심 | 800m

19세기에 최초로 극지방 탐사가 이뤄진 이래, 대개는 심해에서만 사는 매우 희한한 두족류들이 극한 위도의 수면에서 발견되었다. 이들은 극지방과 해저를 순환하는 차가운 해류에서 길을 잃은 심해의 거주자들이다. 극지방의 환경은 빛의 세기를 제외하고 심해 환경과 매우 유사하여, 어떤 심해 생물들은 아무런 문제없이 이곳에서 지낼 수 있다.

맞은편
Latrunculia apicalis
초록공해면 Green globe sponge

크기 | 12cm(키)
수심 | 10~최소 1,200m

해면은 지구에서 가장 원시적인 생명체 중 하나이다. 오랜 세월에 걸쳐, 여과세포로 이루어진 단순한 신체 구조를 유지해왔다. 이들 세포는 특별한 형태 없이 아주 천천히 지리기 때문에 매우 다양한 모양을 하게 된다.

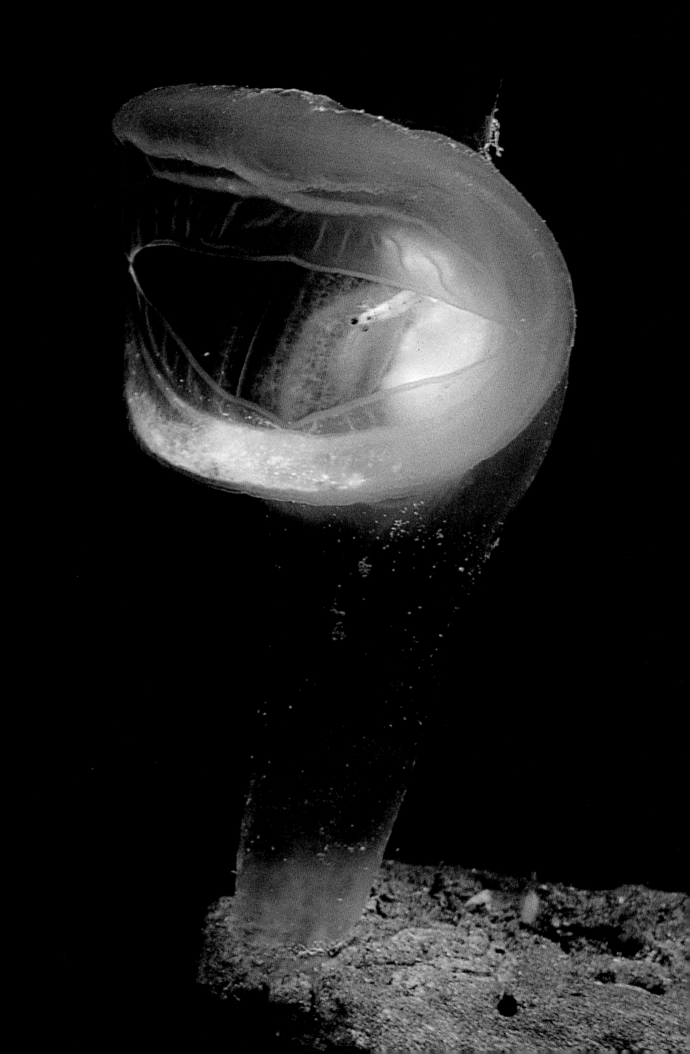

Megalodicopia hians
포식피낭동물 Predatory tunicate

크기 | 20cm
수심 | 180~1,000m

피낭동물은 수면 근처에서 해면처럼 호흡 과정을 통해 물을 걸러 자신이 필요로 하는 양분을 취한다. 메갈로디코피아 히안스(*Megalodicopia hians*)는 특이한 전략을 개발했다. 이들은 여과자이면서 포식자이다. 작은 새우나 기타 갑각류들이 길을 잃고 커다란 입안으로 흘러들어오면 입을 재빨리 닫아버린다.

개리 그린Gary Greene 박사
미국 몬터레이 만 해양연구소

몬터레이 해곡

애리조나 그랜드캐니언의 정상 근처에 서 있다고 상상해보자. 협곡의 벽을 올려다보면서, 반복적인 무늬와 결의 짜임새를 보여주는 화려하고 잘 조직된 퇴적층을 관찰하고 있다. 이제 같은 곳에 서 있지만, 이번에는 수심 200미터 지점이고, 빛이 상당히 줄어들어 볼 수 있는 것이라곤 위에서부터 어둠을 관통하는 가느다란 빛기둥과 흐르듯 움직이는 푸른색과 녹색뿐이라고 상상해보자. 아래를 내려다보면 오직 암흑만이 보일 뿐이다. 주변에는 오래된 폐가에서나 발견할 것 같은 퇴적물 가루로 덮인 벽이 있다. 그 사이로 뿔뿔이 흩어져 있는 미세하고 섬유 같은 유기체들이 해류를 타고 부드럽게 흔들거린다. 벽에서 좀 떨어진 곳에서는 상어와 가오리들이 느릿느릿 헤엄쳐 지나가며 자신들을 바라보는 관찰자를 조용히 가늠하는 모습을 볼 수도 있다. 이런 광경이 공상과학소설의 한 장면일까? 그렇지 않다. 이것은 캘리포니아 중부 앞바다 아래 몬터레이 해곡에서 볼 수 있는 현실 속 광경이다.

몬터레이 해곡은 북아메리카 대륙 서부 해안을 따라 발견되는 거대한 해저 협곡 중 하나이다. 크기 면에서는 그랜드캐니언과 맞먹지만 완전히 물에 잠겨 있어서 바다 위에서 보면 그 존재 자체를 전혀 알 수 없다. 이는 전 세계 다른 모든 해저 협곡도 마찬가지이다. 바다 거죽만 봐서는 어디에 있는지 찾아낼 수 없다. 1960년대와 1970년대에 해저 탐사 장치가 등장하고 나서야 비로소 이런 해곡을 직접 관찰하기 시작했으며, 이들이 전 세계 바다 해안가를 따라 어류와 기타 유기체들의 주요 서식지라는 것이 밝혀졌다.

이러한 장관의 해저 협곡은 그 지질학적 기원이 다양하다. 이들은 해수면 상승기에 물에 잠긴 육지의 협곡이거나, 해수면이 낮았던 시기에 빙하의 침식으로 얼음이 조각해낸 협곡, 혹은 해저 산사태로 형성된 협곡 중 하나일 수 있다. 가장 인상적인 해곡 중 일부는 이집트의 나일 강처럼 큰 강이 바다로 흘러드는 하구에서 떨어진 곳에 위치한다. 우리가 알고 있는 해곡에 대한 지식 중 상당 부분은 몬터레이 만 해양연구소가 오늘날 세상에서 가장 잘 연구된 해저 협곡인 몬터레이 해곡의 조사를 통해 축적한 것들이다.

몬터레이 해곡은 170킬로미터 길이의 해곡으로, 그 바닥이 수심 3,800미터에 다다른다. 이 해곡의 지질학적 형성에 대한 논쟁은 아직도 진행 중이다. 지질학자들은 몬터레이 해곡이 수중에서 만들어졌다는 데에는 동의하지만, 깊은 화강암 기저부 축을 침식시킬 수 있는 하계(河系)와 연결되어 있지 않기 때문에 그 기원은 여전히 수수께끼로 남아 있다. 몬터레이 해곡이 1000만 년에서 1500만 년 사이에 형성되었고, 남쪽으로 약 560킬로미터 떨어진 샌타바버라 지역에서 지각판 운동에 의해 지금의 위치로 이동해왔다는 것이 현재 가장 유력한 가설이다.

수많은 곡류와 작은 골짜기로 이루어진 몬터레이 해곡처럼 구불거리는 해곡은 그리 많지 않다. 이런 특징은 몬터레이 해곡이 태평양판과 북아메리카판을 가르는 판 가장자리에 위치한다는 사실에서 비롯된 것이다. 이 지각판들은 손톱이 자라는 속도와 같은 연간 약 8센티미터의 속도로 서로 부딪치며 움직이는데, 이런 움직임 때문에 만들어지는 엄청난 힘이 이곳에 있는 바위의 형태를 바꿔놓고 균열을 만들어낸다. 판 가장자리 단층을 따라 흔히 지진이 일어나는데, 이런 흔들림은 종종 산사태를 일으켜서 바위 덩어리들을 해곡의 가파른 벽 아래로 떨어뜨린다. 이렇게 만들어진 새로운 벽은 해면처럼 바닥을 뒤덮는 유기체들에게는 견고한 기저층이 되며, 어류와 기타 움직이는 동물들에게는 피난처가 된다.

해곡에서는 지구의 가장 다양하고 특이한 생물 중 일부를 볼 수 있다. 이들의 생물학적 특이성은 그 형태와 대륙 주변부의 지리적 상황과 관련 있다. 점진적으로 바다의 깊은 부분으로 이어지는 대륙사면과는 다르게 해곡은 해안선과 수직 방향으로 대륙붕을 횡단하며 깊게 패어 있다. 이곳은 양분이 풍부한 깊은 바닷물을 육지로 수송하는 자연스러운 통로이다.

이런 바닷물은 극지방 표층수로 출발하여 바닥으로 가라앉아 해저를 따라 천천히 이동하다가 몬터레이 해곡에 도달하여 '용승(湧昇)'이라고 알려진 과정을 통해 수면으로 다시 올라온다. 광합성 작용으로 잡아둔 양분을 죽어서 방출하는 작은 유기체들의 사체가 심해로 내려오기 때문에 심해의 물속에는 양분이 엄청나게 풍부하다. 바닷물이 양분이 풍부한 심해로 장거리 여행을 한 뒤 해수면으로 되돌아오면, 이런 물속에는 양분 덕택에 바다 속 먹이사슬의 기초가 되는 플랑크톤이 엄청나게 불어난다.

이렇게 대단히 생산적인 바닷물은 해곡 생태계 전체에 영향을 준다. 해곡 벽을 뒤덮고 있는 유기체, 노출된 바위에 붙어 있는 여과섭식동물, 해곡의 수많은 곡류 사이를 돌아다니는 표영동물 등 온갖 형태의 동물들이 나타난다. 범고래 같은 포유류들은 종종 풍부한 플랑크톤을 먹기 위해 해곡에 모여 있다. 지형 덕분에 해류 순환이 활발하게 이루어지므로, 해류가 가져다주는 먹이에 의지하는 유기체들에게 해곡의 벽은 훌륭한 서식지다. 인상적인 심해 산호초와 심해저에서는 거의 만날 수 없는 바다부채산호가 이곳에서 번성한다. 일반적으로 심해에 국한된 다른 동물들이 해곡의 좀 더 얕은 곳에서 발견되기도 한다. 심해 해파리, 연체동물, 어류 혹은 두족류로 이루어진 유기체 일행은 표층에서 비처럼 쏟아지는 온갖 먹이의 혜택을 본다. 이와 같이 자원이 풍부한 해곡은 심해 상어와 같은 일부 동물들에게 생식과 산란지로서의 역할도 하는데, 이들은 난낭을 부착하고 새끼들의 생존 기회를 높이기 위해 이곳을 찾는다.

해곡 가장자리 퇴적층은 생물량 생산이 높아 대단히 풍요로운 곳이다. 벽은 진흙, 부유하는 켈프(대형 갈조류), 해초, 그리고 햇빛이 들어오는 상층부 바다에서 번성하는 젤라틴질 유기체들의 사체로 덮여 있다. 유기물이 풍부한 이 퇴적물은 지진 활동으로 인한 산사태나 떠다니는 요소들의 무게로 인해 엄청난 속도로 하강하는 해류에 휩쓸려 심해로 자주 실려 내려간다. '저탁류(底濁流)'라고 하는 이

해저의 거친 폭포는 해곡에서 매우 흔하다. 저탁류는 수백 킬로미터를 이동하면서 심해까지 먹이를 옮겨놓는다.

유기물이 풍부한 퇴적물이 해곡 깊이 쌓이게 되므로 분해가 신속하게 이뤄진다. 이때 사용가능한 산소의 상당량이 소비되면서 메탄과 황화물이 풍부한 액체가 만들어지는데, 이것은 박테리아, 조개, 벌레 등이 황화물에 의지해서 살아가는 독자적인 생태계를 지탱하는 데 필요한 화학적 특성을 제공한다. 수심 약 800미터 지점의 몬터레이 해곡에서 엄청난 양의 화학합성 조개들이 발견된다. '조개밭'이라고도 불리는 이곳은 일반적으로 해곡의 축을 뒤덮고 있는 녹회색 진흙과 대비를 이루며 황갈색의 장관을 연출한다.

몬터레이 해곡은 심해의 생물학적 관측을 하기에 이상적인 곳이다. 이곳은 해안과 가깝지만 엄청나게 깊으며, 표층의 특별히 높은 생산성 덕분에 심해에도 유기체들이 예외적으로 많이 몰려 있다. 동물들이 서로 몇 킬로미터씩 떨어져 분포하는 심해 분지와 비교하면 특히 그러하다. 해곡이 구불구불하기 때문에 저인망과 같은 전통적인 방법으로는 완전히 탐사되지 않았지만, 최근 원격조종 무인탐사기 같은 최첨단 기술 장비의 개발로 탐사의 면모가 변하고 있으며 몬터레이 해곡의 남은 수많은 신비를 밝히는 데 도움을 주고 있다. •

맞은편

Ptychogastria polaris
경해파리류

크기 | 몸체 7cm(촉수 제외)
수심 | 0~3,000m

해파리류는 날카로운 산호초나 바위에서 멀리 떨어진 중층 수역에서 일생을 보낸다고 흔히 알려져 있다. 그러나 프티코가스트리아 폴라리스(*Ptychogastria polaris*)는 예외이다. 헤엄은 잘 치지만, 작고 잘 들러붙는 촉수 덕분에 암석 벽에 붙은 상태로 흔히 발견된다. 해류 속의 먹이를 잡을 때에는 좀 더 긴 다른 촉수들을 사용한다.

뒷장 양면
컴퓨터그래픽 이미지

원격조종 무인탐사기 벤타나(Ventana)는 캘리포니아에 있는 구불구불한 몬터레이 해곡, 수심 2,000미터 부근으로 거의 20년 동안 매일 잠수했다. 몬터레이 만 해양연구소가 심해의 신비에 대한 연구를 시작하기 전까지는 해저 협곡에 대해 알려진 바가 거의 없었다.

186쪽

Solmissus sp.
접시해파리류 Dinner plate jelly

크기 | 20cm
수심 | 700~1,000m

이 해파리는 몬터레이 해곡 전역의 모든 수심에 널리 퍼져 있으며, 주로 커다란 젤라틴질 먹이를 잡아먹는다.

187쪽

Chondrocladia lampadiglobus
탁구공나무해면 Ping-pong tree sponge

크기 | 50cm(키)
수심 | 2,600~3,000m

1960년대 샹들리에처럼 생긴 이 희한한 유기체는 해면이다! 물을 걸러 영양가 있는 입자들을 취하는 동족들과는 대조적으로 탁구공나무해면은 육식성이다. 이 생물은 자신의 몸 표면에 내려앉은 생물들을 찍찍이 테이프 역할을 하는 '침골'이라는 섬유성의 작은 고리로 사로잡는다. 이것이 해면 세포 안에서 반응을 불러일으키면 소화 작용을 위해 세포들이 먹이 쪽으로 이동한다. 작은 갑각류나 벌레를 먹으면, 며칠이 지난 뒤에야 세포들이 원래의 위치로 돌아간다.

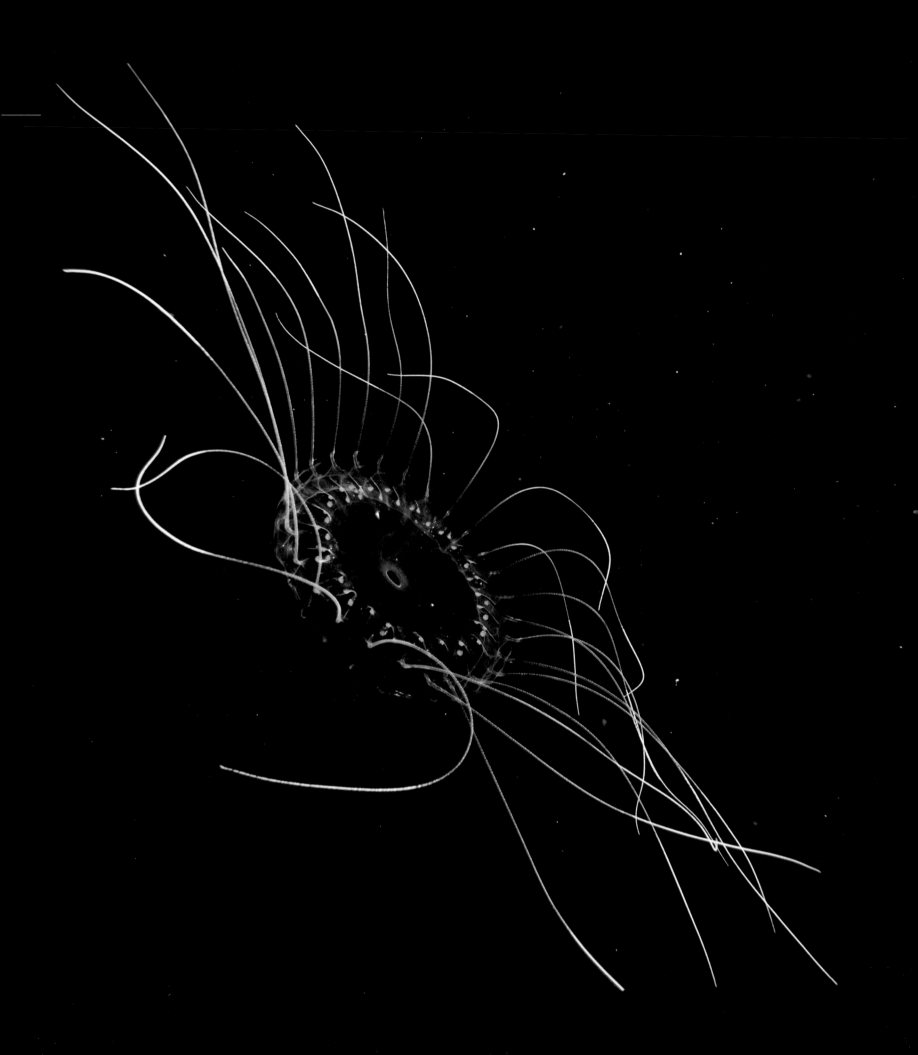

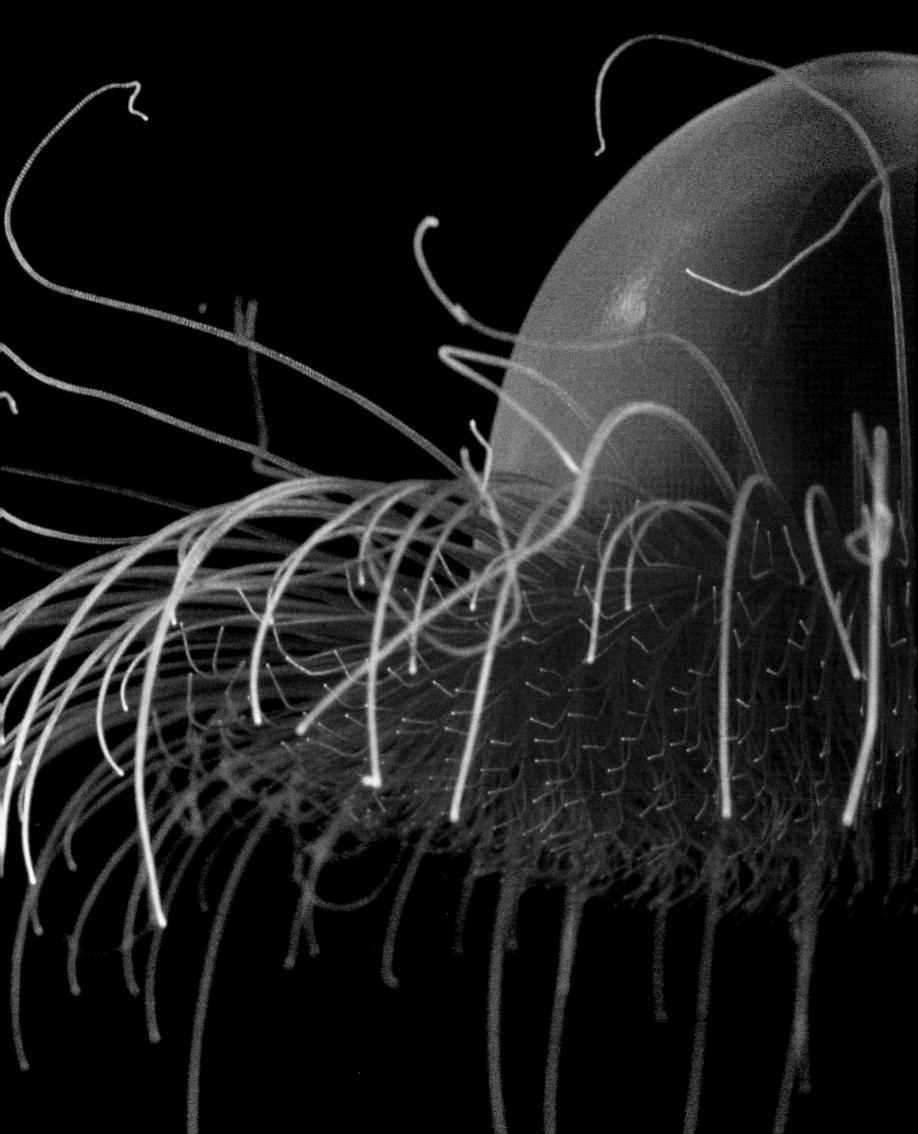

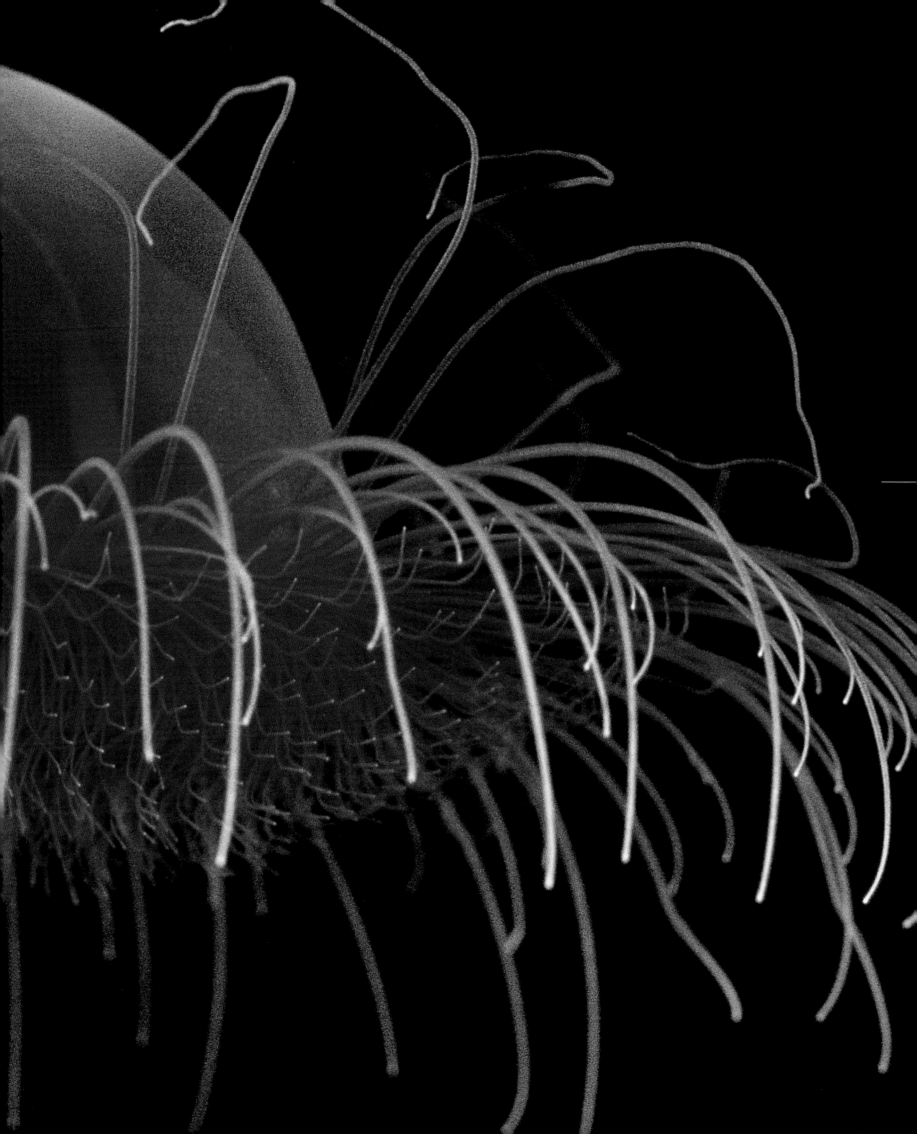

상어들은 매우 수수께끼 같은 존재로 남아 있다.

상어들이 살아 있는 먹이건 죽어 있는 먹이건 양분을 취하기 위해서라면 어떤 것에든 달려든다는 사실에서 우리는 상어들의 섭생이 기회주의적이라고 설명할 수도 있을 것이다. 그러한 예로 잠보상어(Somniosus sp.)가 고래 사체에서 커다란 덩어리를 뜯어내는 장면이 촬영되기도 했다. 이 느리고 둔감한 4미터 길이의 거대한 상어의 위장을 분석해보면 이들이 죽은 고래만 먹는다는 생각이 들 정도이다. 잠보상어는 자연 환경에서 관찰된 희귀 상어 중 하나이다. 사실 상어들의 대다수는 저인망 작업으로 건져 올린 죽은 표본을 통해서만 알려져 있다. 직접

관찰할 수 없는 심해 생물의 행동을 이해하기 위해서는 탐정 기질을 발휘해야 한다. 쿠키커터상어(cookie cutter shark, Isistius sp.)의 경우에는, 대형 어류와 고래의 표피에 생긴 이빨 자국이 50센티미터 길이의 이 작은 상어의 턱과 정확하게 들어맞았던 것이 '쿠키'의 비밀을 푸는 열쇠가 되었다. 이 상어의 식사 태도는 달라티다이과(Dalatiidae) 상어들에게서 전형적으로 나타나는 특징이다. 그들은 먹이에 이빨을 박은 뒤 몸을 돌려 살점을 비틀어 떼어낸다. 이런 기술은 가장자리가 둘쭉날쭉한 둥근 표시를 남기는데, 그 모양이 흡사 쿠키 같다. 대형 상어, 다랑어, 심지어 고래까지도 이런 만남에서 생

상어 하면 가장 자주 떠오르는 생각은 오직 표층수에서만 헤엄쳐 다니는 빠른 포식동물이라는 것이다. 그러나 실제로는 전 세계에 알려진 400종의 상어 중 약 60%는 수심이 매우 깊은 바다에서 으레 그렇듯이 느릿느릿한 속도로 움직이며 살고 있다. 이러한 심해 상어 종 중 극소수만이 밤에 수면을 향해 이동한다. 따라서 어둠 속의

어둠 속의 상어들

겨난 흉터를 안은 채 살아간다.

대부분의 심해 상어들이 수면에서 사는 친척들보다 작다는 사실을 생각해보면 잠보상어의 크기는 놀랍다. 이렇게 눈에 띄는 예외가 몇몇 있다. 큰 입상어(Megachasma pelagios)는 길이가 5미터에 달하기도 한다. 90~160센티미터 길이의 돔발상어류(Centroscyllium sp., Squalus sp., Centroscymnus sp.)는 오늘날 가장 많이 남획되고 있는 심해 상어이다. 이들은 주로 화장품 산업에 사용되는 기름인 스쿠알렌이 고농도로 간에 들어 있다는 이유로 추적의 대상이 되고 있다. 그 외에도 상어 지느러미와 꼬리를 찾는 아시아 시장이 존재한다. 상어 고기는

살코기로 잘라져서 이미 우리의 정규 식단으로 올라오고 있는데, 이는 표층에서 잡아들였던 다른 전통적인 자원이 급격하게 감소했기 때문이다. 심해 상어들은 대사 작용이 느리며 생식도 늦게 시작한다. 이들의 임신 기간은 꽤 길며 낳는 새끼의 수도 극히 적다. 이런 요인과 더불어 남획은 심해 상어들을 성장할 수 없게 만든다. 게다가 이들의 개체 수는 1992년 이후 북대서양에서 80%나 감소된 것으로 추측된다. 일부 과학자들은 어업에 대한 엄격한 규제를 조만간 취하지 않는다면 상어는 심해의 모든 동물 중 가장 취약하게 될 것이며 가장 심각한 멸종위기에 처할 것이라고 생각한다. ●

앞장 양면

Voragonema pedunculata
경해파리류

크기 | 4cm(직경)
수심 | 500~3,500m

이 저서성 해파리의 무수한 촉수(1,000~2,000개)는 작은 갑각류를 잡을 때 사용된다.

위

Chlamydoselachus anguineus
주름상어 Frilled shark

크기 | 2m
수심 | 0~1,600m

최근 연구에 따르면, 이 뱀장어같이 생긴 상어 암컷은 3년하고도 6개월 동안 새끼를 밴다. 이는 코끼리 임신 기간의 거의 두 배에 달한다. 새끼를 낳기 위해 심해에서 수면으로 올라올 때 대개는 양분이 풍부한 해곡의 얕은 바다를 택한다.

왼쪽

Callorhinchus milii
퉁소상어 Elephant fish chimaera

크기 | 125cm
수심 | 0~227m

토끼 이빨과 코끼리 코, 그리고 은색 빛깔
때문에 이 동물의 영문 이름(elephant fish
chimaera)은 그리스 신화에 등장하는 괴물
키마이라에서 따와 붙여졌다. 상어와 가까
운 친척인 이 동물은 살집이 있는 돌출 부
위를 사용하여 퇴적물 속에서 이매패류를
찾아낸 다음 강력하고 납작한 이빨로 으깬
다. 봄이 되면 암컷이 25센티미터 길이의
알을 낳는데, 이 알은 6개월에서 1년 정도의
시간이 흘러야 부화한다.

뒷장 양면

Anthomastus ritteri
버섯연산호 Mushroom soft coral

크기 | 최대 15cm
수심 | 200~1,500m

이 연산호는 먹이를 잡기 위해 바깥으로 뻗
어 있던 촉수를 몸체 안쪽으로 집어넣으면,
그 형태가 공 모양으로 변해서 마치 굵은
자루에 둥근 갓을 쓴 버섯처럼 보인다. 색
깔은 흰색에서 온갖 종류의 오렌지색과 장
밋빛 색에서 빨간색에 이르기까지 다양하
다. 어떤 상어 종들은 이 연산호의 폴립 사
이에 알을 낳는다. 폴립에 독성분이 들어
있어 공격에 취약한 알을 포식자들로부터
보호해주기 때문이다.

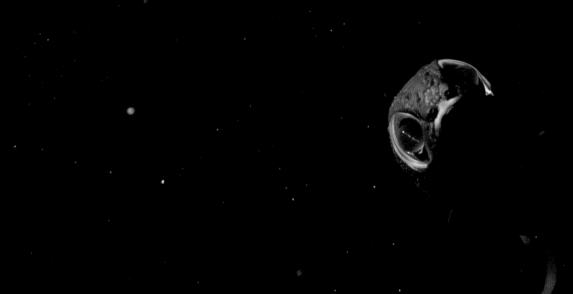

Bathylagus pacificus
날씬이검정빙어 Slender blacksmelt

크기 | 25cm
수심 | 230~7,700m

연구자들은 이 뚱한 표정의 조그맣고 원시
적인 물고기의 눈을 보고 올빼미고기라는
별명을 붙여주었다. 이 물고기는 극한의 수
심에 적응되어 있다. 부레(대부분의 어류가
중성 부력을 유지하기 위해 가지고 있는 공
기 주머니)가 없고, 뼈대는 매우 가벼우며,
가죽처럼 보이는 표피에는 비늘이 없다. 더
깊은 곳으로 갈수록 물에는 칼슘이 적어지
기 때문에 뼈대나 비늘을 만들기 위해서는
더 많은 에너지가 필요하다. 이 동물은 힘
들이지 않고 물에 떠 있을 수 있도록 다른
도구를 가지고 있는데, 그것은 바로 물보다
가벼운 젤라틴질 물질로 된 피하층이다. 크
기가 작기 때문에 해산 주변에 사는 다른
종들과는 대조적으로 상업적 가치는 없다.

J. 앤서니 코슬로 J. Anthony Koslow 박사
오스트레일리아 연방과학산업연구기구CSIRO

해산 :
심해의 갈라파고스

2005년 1월 미국 잠수함이 서태평양의 괌 근처 해수면 위
로 50미터까지 치솟은 2,000미터 높이의 해산에 부딪쳤
을 때 많은 사람들은 그런 지형이 해저지도에 기록되어
있지 않았다는 사실을 믿을 수 없었다. 그러나 심해는 화
성이나 달의 뒤편보다도 지도 작성이 덜 이뤄져 있다. 과
학자들은 전 세계 바다에서 높이가 1,000미터 이상인 해
산의 수가 2만 5,000개 정도인지 혹은 5만 개에 가까운
지 확신하지 못하고 있으며, 좀 더 작은 해산의 수도 10만
에서 150만 사이로 매우 상이하게 추정하고 있다.

해산은 물에 잠긴 산으로, 대개는 화산 활동에서 기인
한다. 대다수가 태평양에서 발견되며, 태평양의 수많은 섬
들, 해저산맥, 기타 화산 지형과 연관되어 있다. 오늘날 해
산 대부분이 해저지도에 기록되지 않았다고 한다면, 해산
이 바다의 생물다양성에 미치는 영향은 더더욱 제대로 알
려지지 않았을 것이다.

육지의 산이 상승 기류를 만들어내 주변 기류에 영향
을 주는 것과 같이 해산은 주변의 심해 해류를 엄청나게
증폭시킨다. 이어서 이런 해류는 독특한 심해 환경을 만
들어낸다. 우선 해산 정상과 사면에 있는 퇴적물을 흩날
려 바위를 노출시킨다. 또 해산 위로 먹이동물 유기체들
이 원활하게 이동하도록 돕는다. 그 결과 퇴적물로 뒤덮
여 있고 벌레와 굴 파는 소형 유기체들이 드문드문 있는
심해 평원과는 대조적으로 해산의 기저층에는 종종 다양
한 연산호(soft coral)와 경산호(hard coral), 해면, 바다나
리, 말미잘이 살고 있으며, 해류에 휩쓸려 지나가는 작은
먹이를 해치우는 엄청나게 다양한 현탁물(懸濁物) 섭식자
들도 있다. 해산은 또한 종종 오렌지러피, 투구머리고기,
남방달고기, 금눈돔류 같은 대형 어류떼의 집이기도 하다.

심해에서 전형적으로 볼 수 있는 힘없이 헤엄치는 어류들
과는 달리 해산의 어류들은 몸이 튼튼하며, 해산의 힘찬
해류 속에서 움직일 수 있도록 적응되어 있다. 전형적으
로 이들은 좀 더 큰 먹이, 이를테면 소형어류나 문어, 새
우 등을 잡아먹는데, 이런 먹이는 해산을 떠다니거나 주
야이동시 좀 더 깊은 곳으로 헤엄쳐 되돌아가려다가 비교
적 낮은 지형에 갇혀버린 것들이다.

해류는 해저 지형에 유도되는 경향이 있어서 해산 위
를 쓸고 지나가면서 테일러 기둥이라고 하는 소용돌이를
흔히 만들어낸다. 때로는 이런 소용돌이가 해산 위로 수
백 미터까지 뻗치기도 한다. 해산 위로 천천히 회전하는
이 순환류 속에 해산에 사는 개체들의 알과 유생이 들어
있을 수도 있다. 테일러 기둥은 또한 양분이 풍부한 심해
의 물을 위로 퍼올려서, 즉 '용승'시켜 해양 먹이그물의 기
초가 되는 미세 조류의 생산성을 높일 수도 있다. 그 결과
표층에서 아주 멀리 떨어져 있는 해산은 종종 심해 생물
은 물론 바닷새, 상어, 다랑어 등을 끌어들이며 표층 근처
해양 생물의 중심지가 된다.

심해의 산호는 열대 바다의 산호와는 달리 광합성 조
류와 함께 살지 않는다. 적당한 먹이를 가져다주는 해류
에 의지하기 때문에 주로 해산, 해곡, 일부 대륙 주변부
등과 같이 해류가 우세한 곳에 제한적으로 산다. 비록 심
해의 산호가 따뜻한 바다의 친척들보다는 덜 알려져 있지
만, 경산호의 종류는 실제로 열대 산호초에서보다 심해에
더 많은 것으로 알려져 있다.

해산의 환경은 거칠고 표본을 채집하기 힘들어서 아주
최근까지도 제대로 연구되지 않았다. 불행히도 과학자들
보다 어부들이 맨 처음으로 해산의 풍부한 생명체들과 마
주했다. 1960년대 말 소련의 저인망 어선은 하와이 북서
부에 있는 엠퍼러-하와이 해산산맥 주변에 투구머리고기
(*Pseudopentaceros richardsoni*)가 큰 무리를 짓고 있는
것을 처음으로 발견했다. 비교적 협소한 지형인 이곳에
모여 있는 해산 어류들은 현대의 저인망 작업에 매우 취
약하다. 10년도 되지 않아 소련 사람들, 그리고 나중에는
일본 사람들이 합세하여 이 지역에서 거의 100만 톤에 달

하는 투구머리고기를 잡아 이 어장을 상업적으로 절멸시켜버렸다. 그런 다음 소련의 저인망 어부들은 뉴질랜드 주변의 해산에서 오렌지러피(*Hoplostethus* sp.)를 발견했다. 이와 거의 동시에 일본의 어부들이 엠퍼러 해산에서 진귀한 분홍 산호와 붉은 산호를 발견하자 100여 척이 넘는 배들이 예로부터 보석을 만드는 데 사용되었던 이 산호를 태평양의 해산에서 싹쓸이해가려고 몰려들었다. 오늘날 전 세계 바다의 해산에서 어업 행위가 이뤄지고 있다. 대부분 이런 어장은 폭발적으로 호황을 누렸다가 사그라지는 주기를 따르며, 전형적으로 5~10년 사이에 고갈된다. 오렌지러피와 오레오 같은 일부 해산 어류는 100년 이상을 살 수 있으며 성적으로 성숙해지려면 20~30년이 걸린다. 이들 종은 심해의 비교적 조용한 여건에 적응되어 있는데, 그곳에는 포식자가 거의 없고 사망률도 극히 낮다. 이런 어종의 산업 어장은 확실히 지속가능하지 않다.

산호와 기타 저서동물은 해산 저인망 어업의 부수어획물로, 어류와 함께 제거된다. 과학자들은 현재 심해의 산호초가 천해의 열대 산호처럼 수많은 어류와 무척추동물 종들의 집이라는 사실을 직접 확인하고 있다. 동남방 태평양, 태즈먼 해, 산호해(코랄 해)의 해산 동물을 조사하는 탐사대들은 그곳 종들의 25~50%가 알려지지 않은 신종이며, 그 지역 해산에서만 나타나는 고유종으로 보인다는 것을 알아냈다. 일부 해산 산호와 해면은 100년, 심지어

수백 년까지 사는 것으로 알려졌는데, 노르웨이 앞바다의 로펠리아산호로 이뤄진 드넓은 심해 산호초는 마지막 빙하기 말까지 거슬러 올라간다. 해산에 심해에서는 찾아보기 힘든 고유종의 비율이 높은 까닭은 아마도 해류가 해산과 산맥 지형을 따라 지나가면서 알과 유생의 확산을 제한하는 데서 기인한 듯하다. 이런 식으로 해산에 모여 있는 생물들은 생식적으로 격리되어, 마치 대륙과 멀리 떨어져 있는 갈라파고스 제도에서 조류와 파충류 종들이 육지의 종과는 확연히 다르게 진화한 것처럼, 그 지역 고유종으로 진화하게 된다. 불행히도 이들은 제한적으로 분포하기 때문에 집중적인 저인망 어업으로 인한 멸종에 취약하다. 오스트레일리아, 뉴질랜드, 미국, 노르웨이, 그리고 다른 나라들은 현재 그들의 관할 사법권 하에 있는 해산과 심해 산호 지역을 저인망 어업으로부터 보호하고 있다. UN 총회는 2002년과 2003년 국가 사법권이 미치지 않는 공해에 있는 해산에 대한 생물다양성 보호의 필요성을 인정하는 결의안을 통과시켰지만 구체적인 보호 조치는 아직 취해지지 않고 있다. ●

맞은편

Lophelia pertusa
로펠리아산호 tuft coral

수심 | 10~2,500m

심해 관광이 시작되면 분명히 사람들이 몰려들어 심해 산호초—정확히 말하자면, 그 잔해물(저인망 어업으로 노르웨이 해안 앞바다처럼 어떤 곳은 산호의 50%가 이미 파괴되었기 때문이다.)—의 놀랄 만큼 아름다운 모습에 탄성을 지을 것이다. 연간 최대 2.5센티미터밖에 자라지 않기 때문에, 심해의 산호는 정말로 취약하다.

해산은 심해 평원 한가운데 눈에 띄는 지형의 기복을 보여준다. 이동성 동물이건 고착성 동물이건 온갖 종류의 생물들은, 증가된 해류의 득을 볼 수 있는 해산에 정착하거나 먹이를 구하거나 생식활동을 하기 위해 몰려든다. 대부분은 사화산이며, 소수의 활화산이 여전히 활동 중이기도 한 이런 지질층은 다양성의 중심지(diversity hotspot) 혹은 해저 섬으로 불린다.

알래스카 만이나 남태평양, 또는 캘리포니아 해안 앞바다에서 연구자들이 매번 잠수해 들어갈 때마다 새롭고 놀라운 것들이 발견된다. 2미터 높이의 풍선껌산호(Paragorgia sp., 오른쪽 페이지 맨 위 왼쪽)로 만들어진 거대한 산호 숲, 수백 년씩 된 연약하지만 거대한 대나무산호(오른쪽 페이지 맨 아래 오른쪽), 의약품으로의 활용이 기대되는 화학물질을 지닌 해면, 혹은 풍부한 자원에 이끌린 표영생물들이 그것이다. 이런 표영생물로는 벤토코돈속(Benthocodon sp.)에 속하는 작은 해파리(왼쪽 페이지 맨 아래)와 몬터레이 만 해양연구소가 수심 2,500미터에서 발견했지만 오늘날까지도 연체동물 그룹으로 확실히 분류되지 못한 그 유명한 '미스터리 연체동물'(왼쪽 페이지 맨 위)이 있다. 원격조종 잠수정이 이곳에서 아직 알려지지 않은 특별한 생물과 마주치기도 하는데, 그중에는 5미터 길이의 촉완으로 두족류에게 흔히 볼 수 없는 각도를 선보이는 마그나핀나속(Magnapinna sp.)에 속하는 오징이(정 가운데)가 있다. 이 거물은 수심 5,000미터의 바다를 돌아다닌다.

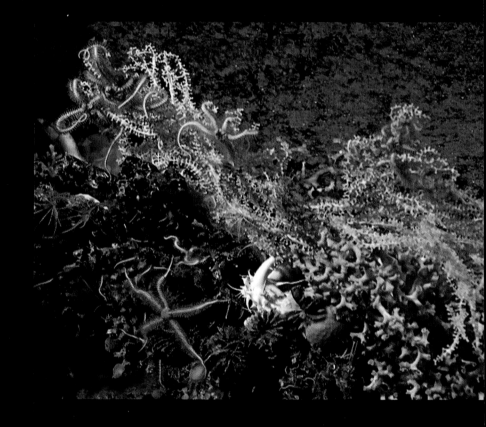

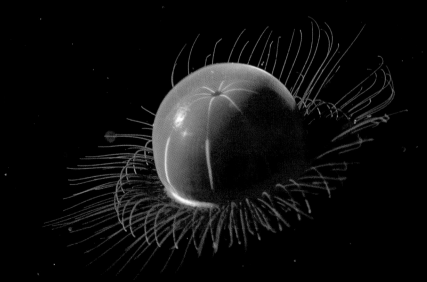

"바다 속에서 보이는 모든 것은 마치 금지된 세계에서

훔쳐온 것만 같다. 그것은 아무리 자주 잠수해 들어가도

결코 시들지 않는 감정의 충격을 불러온다…….”

자크–이브 쿠스토, 1976년

맞은편
Tiburonia granrojo
빨강왕해파리 The big red

크기 | 1m(직경)
수심 | 1,500m

이 어둡고 벨벳 같은 커다란 공은 1993년에
캘리포니아 몬터레이 만 해양연구소 연구자
들이 처음으로 발견했다. 다른 해파리들과
는 너무나 달라서 생물학자들은 이것을 발
견한 로봇 티부론의 이름을 따 새로운 아과
(亞科), 티부로니나이(*Tiburoniinae*)를 만들
어야 했다. 이 동물은 먹이를 잡기 위해 대
부분의 해파리처럼 따끔한 촉수를 사용하지
않고, 희한하게도 그 수가 4~7개로 다양하
고 살이 통통한 긴 팔을 사용한다. 현재 이
생물에 대해 알려진 것은 거의 없다.

의 따뜻한 물에서는 발견되지 않는다.

사실 이러한 경이로운 생태계는 아주 차가운 물
에서만 발달한다. 그래서 고위도 지방의 냉수대에
서 그 모습을 볼 수 있다. 해양 연구 선박이 저인망
으로 건져 올리면서 19세기 이후에 알려진 냉수성
산호초는 심해에서도 똑같이 발견된다. 그러나 빛
이 투과하지 않는 심해에는 산호초 파괴에 대해 말
해줄 목격자가 없다. 천해의 자원이 눈에 띄게 줄
어들면서 이제는 어업이 심해 자원을 착취하는 데
까지 이르렀다. 냉수성 산호초는 수심 40~2,000
미터 사이에서 발견된다. 이곳에는 상업적 가치가
높은 수많은 어류, 갑각류, 연체동물이 있다. 이런

해저를 수백 제곱킬로미터씩 뒤덮고 있는 산호 숲
은 셀 수 없을 만큼 풍부하고 다양한 동물들의 집
이 되어준다. 상어와 두족류는 이곳에 알을 낳고,
거대한 바다부채산호는 자신의 가지를 극피동물에
게 내어주며, 섬세한 해면은 갑각류와 어류를 환영
한다. 이런 설명은 그레이트배리어리프와 비슷해
보이지만, 이곳에서 살아가는 어떤 종도 열대 바다

심해 산호초:

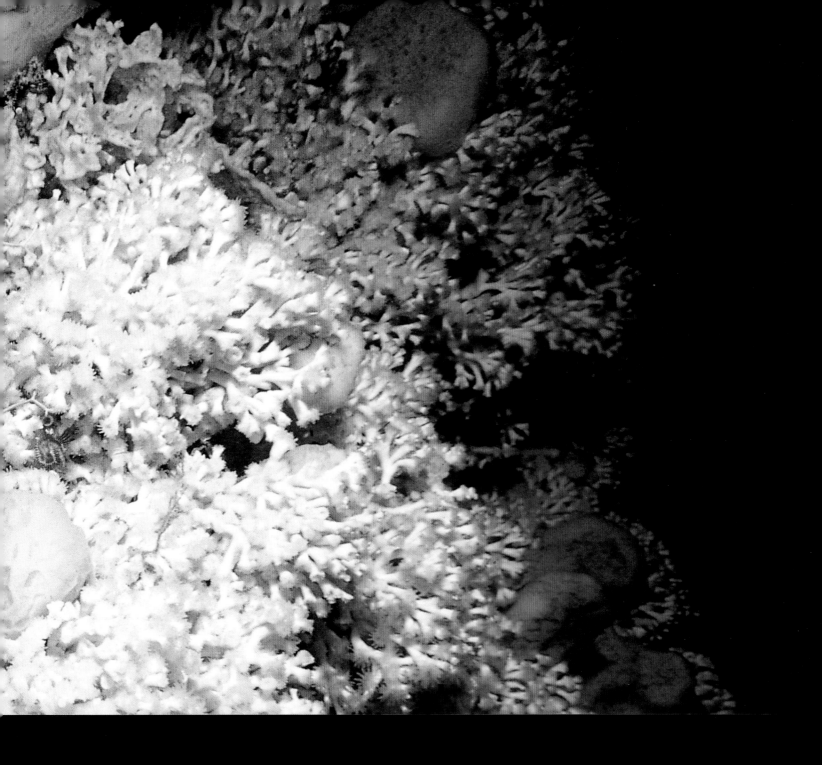

지나가면서 아무것도 남기지 않고 싹 쓸어간다. 이곳은 학계에 알려지지 않은 수많은 종과 상당 부분 특정 서식지에만 사는 고유종들이 8,000~1만 년 동안 살던 곳이었지만, 불과 몇 시간 만에 황량하고 부스러기만 남은 풍경으로 변한다. 연구자들은 지난 몇십 년간 파괴된 심해 산호초 면적을 모두 합한다면 유럽 면적의 몇 배가 넘을 것이라고 추정한다. 냉수성 산호의 성장 속도는 잘 알려진 열대지방 산호보다 10~20배는 느리기 때문에 상황은 훨씬 더 심각하다. 한편, 따뜻한 바다만큼 많은 산호 종들이 차고 어두운 바다에서 생존한다지만 심

해 산호 종 중에서 산호초를 만들어낼 수 있는 것은 겨우 6종뿐이다. 나머지 모든 냉수성 산호들은 '연산호' 종이어서 석회질 골격을 만들어내지 못한다. 이런 요인 때문에 심해 산호는 인간의 간섭에 지극히 취약한데, 이들은 해안에서 떨어져 있고 종종 수면에서부터 수백 미터 아래에 있어서 피해를 입기에 딱 알맞다. 눈에 보이지 않으면 항의를 하거나 책임을 물을 수가 없다. 이 무참한 해저 습격에서 잡아 올린 어류가 세계에서 시장성 있는 전체 어획량의 0.2%밖에 차지하지 않는다는 간단한 통계 자료를 보면 이렇게 독특하고 놀라운 자연 유산을 기꺼이 파괴하려는 어업계가 얼마나 비이성적인지를 알 수 있다. ●

위
Gorgonocephalus caputmedusae
삼천발이류
Gorgon's head, basket star

크기 | 6.5cm(가운데 원형)
수심 | 50~최소 300m

노르웨이 대륙 주변부를 따라 펼쳐진 산호초의 주종을 이루는 것은 로펠리아산호(*Lophelia pertusa*)이다. 여러 갈래로 나눠진 구조는 열대 우림의 나무처럼 숨을 곳을 제공하고, 먹이를 찾거나 유익한 만남과 연합을 이룰 가능성을 높여준다. 이 생태계는 수많은 종들을 유인하는데, 이들 중 대부분은 아직까지 과학계에 알려지지 않았다. 사진 한가운데에 있는 것이 삼천발이다.

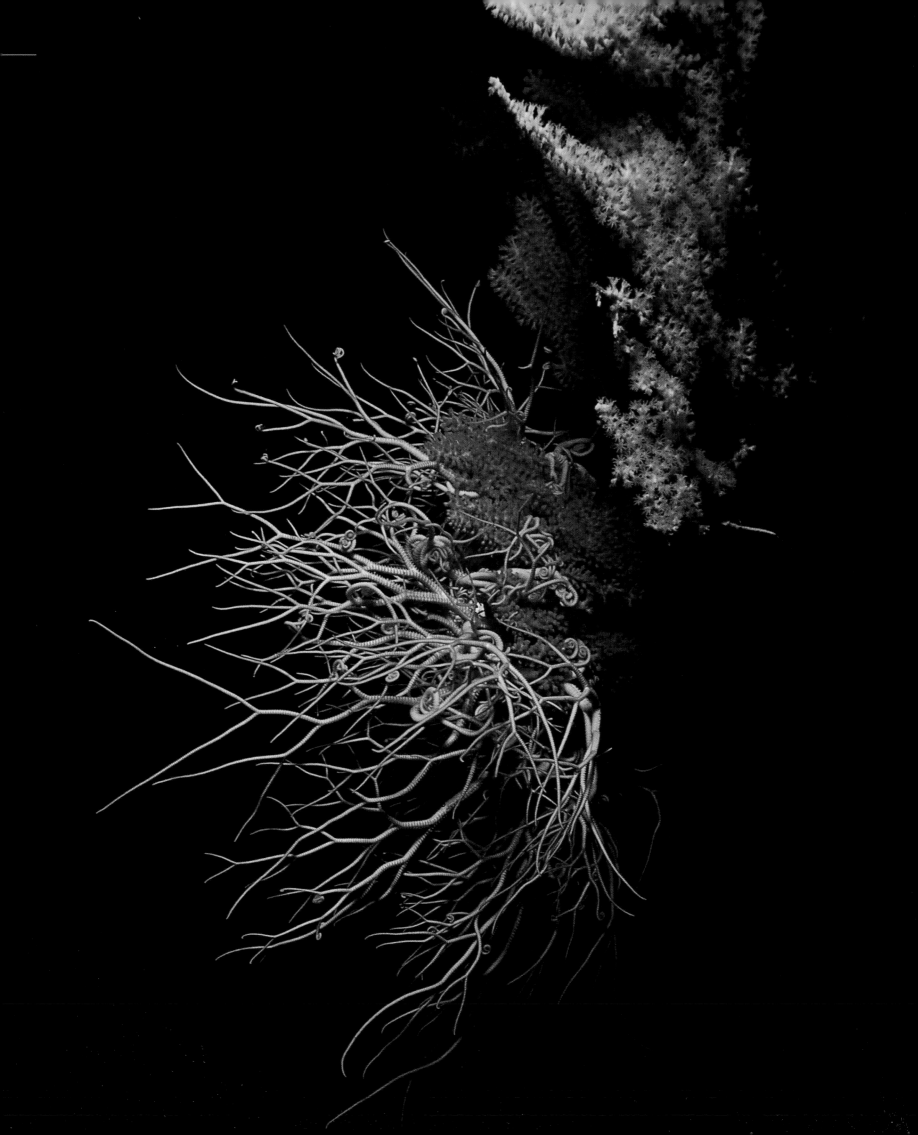

앞장 양면 왼쪽

Gorgonocephalus caputmedusae
삼천발이류
Gorgon's head, basket star

크기 | 1m(직경)
수심 | 50~최소 300m

먹이를 잡을 때 이 삼천발이 종은 종종 바다부채산호류. 여기서는 파라무리케아 플라코무스(*Paramuricea placomus*)를 타고 올라가 그곳에서 팔을 해류 속으로 뻗는다. 이런 팔들은 신화 속 고르곤의 머리 모양을 떠올리게 한다.

앞장 양면 오른쪽

Grimpoteuthis sp.
큰귀문어류 Dumbo octopus

크기 | 20cm
수심 | 300~5,000m

일본 만화에서 방금 튀어나온 캐릭터같이 생긴 작은 문어다. 연구자들은 이미 14종의 그림포테우티스(*Grimpoteuthis*)를 기록했지만, 이 문어는 저인망으로 잡은 동물에 기초하여 정리한 분류학적 기록을 뛰어넘어 많은 부분이 여전히 수수께끼에 싸여 있다. 이들은 종종 외피를 주변에 펼친 채 바닥에서 쉬고 있는 모습이 관찰되기도 한다. 과연 그곳의 어둠 속에 조용히 앉아서 무엇을 하고 있는 것일까? 내막은 아무도 모른다.

오른쪽

Dysommina rugosa
도살자뱀장어 Cutthroat eel

크기 | 38cm
수심 | 260~775m

잠수정이 접근하자 놀란 뱀장어들이 남태평양 사모아 제도 동쪽에 최근 형성된 화산추(火山錐) 꼭대기의 틈 사이로 빠져나가고 있다. 해저 화산 바일룰루우(Vailulu'u)는 1999년이 되어서야 비로소 해도에 기록되었다. 그 기저 부분은 수심 5,000미터에 있으며, 정상은 수면 아래 700미터 지점에 있다. 탐사 잠수를 통해 오렌지색 미생물층으로 덮인 용암주들이 발견되었다. 이곳은 자연계의 중심에서 처음으로 발견된 수많은 뱀장어 떼 때문에 '뱀장어 도시'라는 별명이 붙었다.

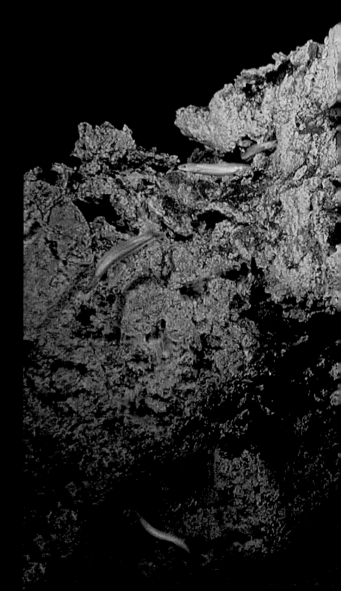

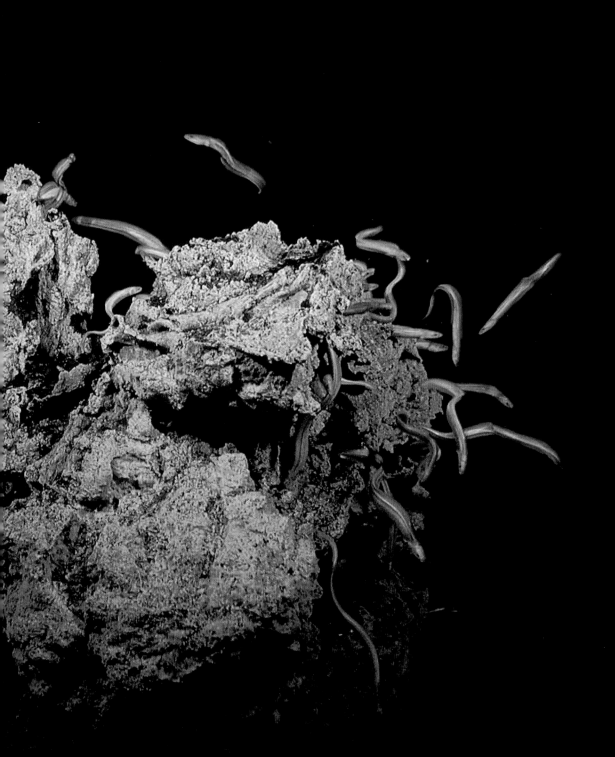

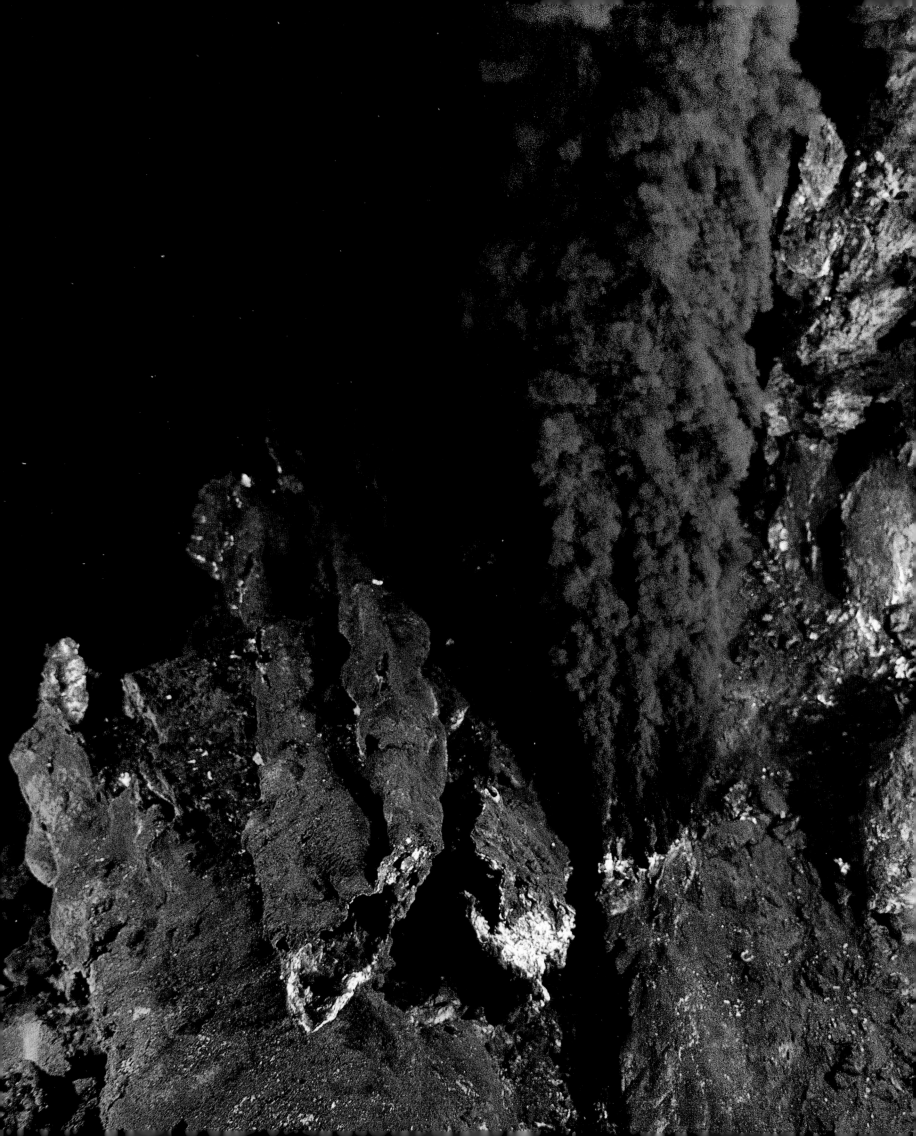

"마치 지옥으로 연결된 것 같아!" 열수분출지 주변의 블랙스모커를 본 최초의 프랑스 연구진 중 하나였던 장 프랑셰토(Jean Francheteau)는 이렇게 감탄했다. 이 무시무시한 구조물들을 통해 수심 수천 미터에서 엄청나게 뜨거워진 물이 뿜어져 나온다. 이 열수는 마그마 근처 해양 지각을 돌아다니며 다양한 광물질과 유독성 황화물로 가득 차게 된 물이다. 열수공 굴뚝은 바다를 지구의 중심과 연결해주는 지하 공장의 파이프 같은 인상을 남긴다. 이들의 발견은 전 세계 과학계에 엄청난 흥분을 안겨줬다.

다니엘 데브뤼예르 Daniel Desbruyères **박사**

프랑스 해양개발연구소IFREMER

심해 열수분출공

암흑과 냉기가 지배하는 심해저는 지구에서 가장 크고 가장 잘 알려지지 않은 생태계이다. 19세기 말 대탐사 때 고조되었던 동물학적 관심에도 불구하고 그곳은 오랫동안 사막 같은 환경으로만 여겨졌다. 해양학 탐사를 통해 광합성 생산이 이루어지지 않는 상황에서 유일한 먹이 공급원은 주로 수면에서 비처럼 떨어지는 입자들이라는 것이 알려졌다. 심해 평원에 사는 동물들이 매우 특이하고 소수이며, 종종 크기가 매우 작은 것은 바로 이런 이유 때문이다.

20세기 들어 70여 년 동안 모든 해양학자, 생물학자, 지질학자들은 최소한 그렇게 배웠다. 그랬기 때문에 1977년 2월 미국의 잠수정 앨빈 호를 타고 갈라파고스 해령을 탐사하던 연구자들은 수심 2,500미터에서 풍부한 생명체들을 발견하고 깜짝 놀랐다. 놀라운 크기와 형태의 희한한 유기체 군집이 따뜻한 샘(섭씨 2도의 주위 온도보다 약 10도는 더 높았다.) 주변에 모여 있었다. 이 화려한 개체들은 해령의 황량한 현무암 환경과 극단적인 대조를 보였다. 이 역사적인 잠수에서 앨빈 호에 탑승했던 지질학자 존 콜리스(John Corliss)가 해수면에 있던 요원과 이렇게 교신했다.

"데브라." 그가 대학원생 제자에게 말했다. "심해는 사막과 같은 곳이어야 하는 게 아닌가?"

"예." 생태학 강의를 떠올리며 데브라가 대답했다.

"그런데 여기 이 아래 별의별 동물들이 다 있어!" 콜리스가 감탄했다.

그것은 열수분출공이 최초로 발견되는 순간이었다. 연구자들이 발견한 별난 유기체들은 그들이 무엇을 닮았느냐에 따라 명명되었다. 그렇게 해서 '대왕관벌레(giant tube worm)', '민들레(dandelion)', '스파게티벌레(spaghetti worm)', '대왕대합조개(giant clam)' 등의 이름이 탄생했다.

그 후 수년간 연구자들은 열심히 해령 탐사에 나섰고, 프랑스-미국 연구팀이 동태평양해팽을 따라 엄청나게 뜨거운 물이 뿜어져 나오는 곳을 발견하기에 이르렀다. 빌 노마크(Bill Normark)와 티에리 쥐토(Thierry Juteau)는 북위 21도에서 두 번째 해팽 탐사 잠수를 하던 중이었다. 정오쯤 조종사가 "기관차 굴뚝 같은 것을 발견했는데, 거기에서 희한한 것이 솟구치고 있고…… 그 구조물을 따라 온통 기이하고 작은 물고기들이 있는데, 생긴 것이 마치 창자 조각 같다!"라고 수면에 알렸다.

"기관차 굴뚝"은 실제로 금속성 황화물로 형성된 굴뚝 모양의 구조물이었고, 거기서 나오는 "희한한 것"은 검고 짙은 열수(熱水) 기둥이었다. "창자 조각"은 주름진 분홍색 살을 가진 등가시치류였다. 진정한 유기체 숲인 그들의 서식지에는 하얀 관에 붉은 깃털(아가미)을 지닌 커다란 벌레들이 뒤엉켜 있다. 조개밭은 굴뚝의 기저 부분을 덮고 있으며, 드물게 비어 있는 공간에서 새우와 게들이 바글거리며 자리를 차지하고 있다. 재가 끊임없이 쏟아지는 아래쪽에 살고 있어서 지질학자들이 폼페이벌레라고 별명을 붙인 벌레는 관을 분비하여 열수공 굴뚝의 벽을 덮고 있는데, 굴뚝은 높이가 15~20미터에 달하기도 한다. 이런 현상 중 일부는 처음에 연구자들을 어리둥절하게 했지만, 그리 오래 가지는 않았다.

열수의 순환은 마그마가 식으면서 만들어진 틈 안에서 시작한다. 바닷물이 그 안으로 스며들어 수백 미터 깊이까지 내려가서 온도가 섭씨 350도 이상인 바위와 반응한다. 다시 솟아오르는 뜨거운 액체는 산소가 결핍되어 있고 산성이며, 황화물, 메탄, 이산화탄소 등 일반적으로 해수에 아주 적은 농도로만 존재하는 물질로 가득 차 있다. 이 액체가 현무암 틈 사이로 분출하면, 광물질이 침전되면서 '블랙스모커(black smoker)'라고 하는 굴뚝을 형성한다. 주변의 해수는 약 섭씨 20도까지 올라가고 이곳은 온화한 오아시스—최소한 온도 차원에서는—가 되지만 독성이 강해서 환경 자체는 그리 유혹적이지 못하다. 그런데 밀집된 동물상이 어떻게 독성과 으깨질 정도의 압력, 그리고 빛이 하나도 없는 환경에서 번성할 수 있는 것일까? 열수분출공의 발견은 과학계에 폭탄을 떨어뜨리는 것과 같았고, 이는 심해에 다시 새로운 관심을 불러일으켰다. 이와 같은 극한의 조건에서 생명이 자랄 수 있게 하는 메커니즘은 곧 과학적으로 설명되었다.

박테리아가 굴뚝에서 뿜어져 나오는 화학물질을 사용하여 유기물을 합성하는데, 이것이 열수분출공 전체 먹이사슬의 근간이 된다. 간단히 말해서 빛이 없는 이 세계에서는 박테리아가 녹색식물을 대신하며, 화학 작용이 태양 에너지를 대체한다. 이러한 1차생산 과정의 발견은 생물학 분야에 혁명을 불러일으켰다. 이 과정은 '화학합성'이라고 부르며, 이 용어는 이미 생물학 교과서에서 한 자리를 차지하고 있다.

1970년대 이후 '불의 고리'라고 불리는 환태평양화산대의 서쪽 분지와 해저 화산은 물론, 태평양해팽을 따라 열수분출공이 발견되었다. 대서양 중앙해령을 따라, 그리고 인도양에서도 발견되었다. 수많은 계통의 미생물, 극한의 온도에서 살며 생명공학적으로 활용 가능할지 모를 진귀한 화합물을 분비하는 일부 종을 포함해 600종 이상의 새로운 동물종이 이 놀라운 서식지에서 보고되었다.

심해 화학합성의 발견은 아마도 20세기 해양학에서 가장 놀라운 과학적 발견으로, 오늘날 해양학자들은 '1977년 이전'과 '1977년 이후'의 차원에서 생각할 정도이다. 메탄이 나오는 냉누출(cold methane seep) 지역 또는 고래의 사체 같은 다른 화학합성 서식지가 그 후 확인되었지만 이 두 경우에는 화학합성이 표층에서 일어났던 1차생산과 연결되어 있다. 냉누출 지역 주변 개체들의 기본이 되는

메탄과 기타 탄화수소는 화석에너지의 예이며, 그 이름이 시사하는 바와 같이 이들은 수백만 년에 걸친 해저 유기물의 축적을 통해 형성된다. 이와 비슷하게 고래의 사체는 지구 표면에서 군림하는 광합성 체계의 직접적인 산물이다. 따라서 열수분출공의 생태계는 지구의 그 어떤 생태계보다 태양에너지에 덜 의지한다. 이들의 발견은, 특정한 여건에서 특별한 생물학적 풍요로움을 품고 있음을 드러낸 심해에 대해 우리가 가지고 있었던 인식에 도전이 되었을 뿐 아니라 즉시 지구상의 생명의 기원에 대한 새로운 질문을 제기했다. 지금보다는 우리 행성의 여명기가 열수분출 해양 서식지를 더 잘 대표했을 것이라는 점은 의심의 여지가 없다. 심지어 생명의 최초 분자들이 이곳에서 합성되었을 가능성도 꽤 높다. 이런 시나리오는 오늘날 목성의 위성 중 하나인 에우로파와 같은 다른 천체에서 생명을 찾는 논거로 제시되고 있다. 한 세기 동안 우리가 상상했던 화성인은 아닐지라도, 미생물의 형태를 한 외계 생명은 더 이상 괴상하거나 가능성 없는 생각이 아니다. •

Paralvinella palmiformis
야자관벌레 Palm worm

크기 | 최대 15cm
수심 | 1,530~2,700m

야자관벌레는 캐나다 해안에서 떨어진 대서양 중앙해령의 북부를 따라 발견되는 열수분출공 주변에 고밀도의 군집을 이루고 산다. 주변의 바닷물은 인간에게는 치명적인 금속 성분으로 가득하지만 이들에게는 아무런 불편을 주지 않는 듯하다. 이 생물은 난공불락의 관목과 비슷한 군집을 이루지만 이 사진에서처럼 유기물 입자와 광물 입자를 뒤집어쓴 복족류와 비늘갯지렁이류들을 쫓아내지는 않는 듯하다.

중앙해령에서 빠져나오는 섭씨 300도가 넘는 열수 기둥은 우리에게

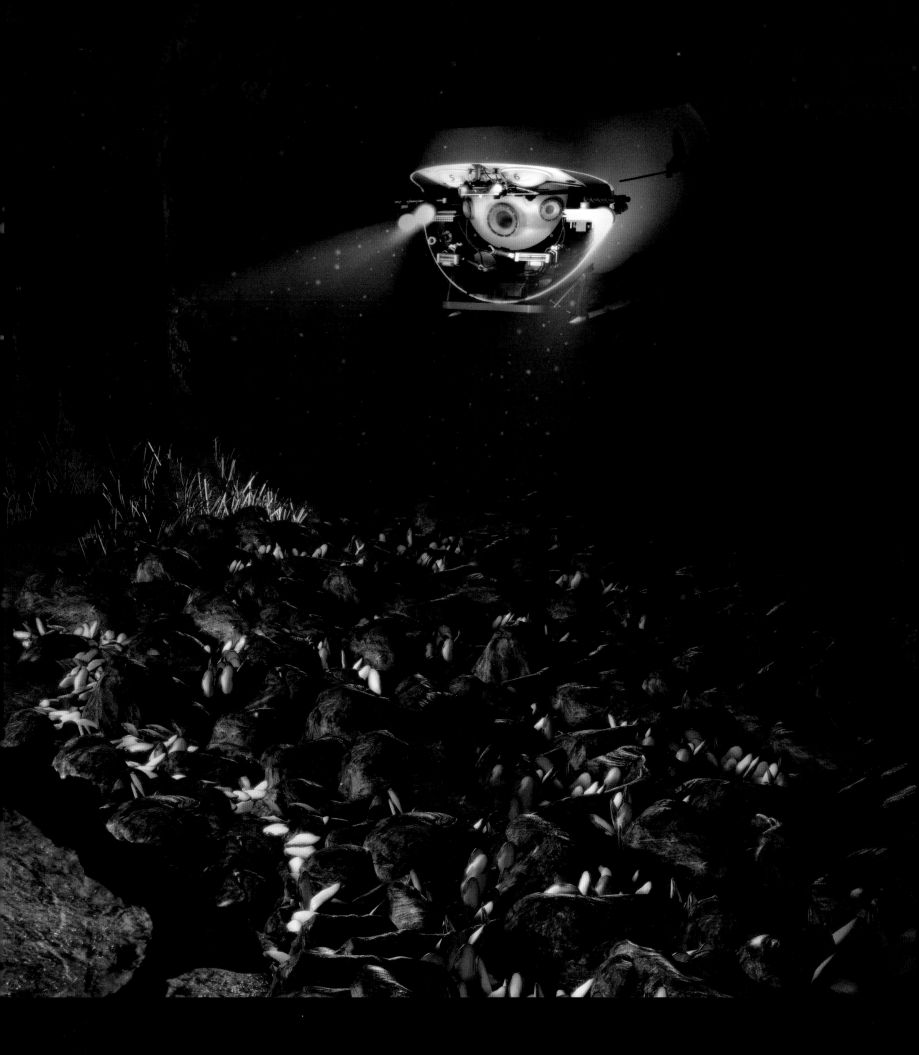

지구가 조금씩 식어가고 있는 엄청나게 뜨거운 핵을 가진, 살아 있는 행성임을 일깨워준다.

앞장 양면
컴퓨터그래픽 이미지

중앙해령을 따라 어떤 지역에서는 구조판이 연간 18센티미터씩 분리되어 수백 미터 폭의 골짜기를 형성하는데 이를 열곡이라고 한다. 이곳의 빈틈을 메우기 위해 모여드는 마그마는 심해의 찬 바닷물과 만나면 갑자기 식어버린 다음 침전되어 사막 같은 풍경을 만들어낸다. 독성의 검은 연기를 뿜어대는 굴뚝이 여기저기 흩어져 있는 모습은 마치 달을 연상케 한다. 이곳에서 자연의 원시적인 힘이 작용하는 것을 목격한 탐사자들은 우주가 생성되던 시기, 지구의 원시 요람으로 여행하는 듯한 기분이 들었다. 컴퓨터로 처리한 이 사진에서 보이는 두 대의 러시아 잠수정 미르 1호와 미르 2호는 해령계 전체를 탐사할 수 있는 극소수의 잠수정이다.

오른쪽

Riftia pachyptila
대왕관벌레 Giant tube worm

크기 | 최대 2m
수심 | 2,000~2,850m

1979년까지 벌레류라고 하면 사람들은 머릿속에 무색의 지렁이 같은 이미지를 떠올렸다. 그러나 동태평양 열수분출공 주변에서 커다랗고 멋진 색깔을 지닌 생물을 발견하면서 그동안의 생각은 갑자기 바뀌었다. 이 놀라운 생물은 자신에게 먹이를 공급해주는 화학합성 박테리아와 공생한다. 처음에는 여과섭식자로 여겨졌던 이 동물의 기능을 전문가들이 이해하는 데에는 시간이 조금 걸렸다. 로버트 D. 밸러드는 전문가들이 품었던 의심을 이렇게 회고했다. "눈도 없고 입도 없고, 먹이를 소화시키거나 분비물을 배출하는 뚜렷한 기관도 없고, 이동 수단도 없던 그것은 벌레도 아니었고, 뱀 혹은 뱀장어도 아니었으며, 식물도 아니었다. 그것은 우리가 본 것 중에서 가장 희한한 생물이었다."

심해

왼쪽

Tevnia jerichonana
예리코벌레 Jericho worm

크기 | 35cm
수심 | 2,600~2,850m

열수공 생물들 간에는 해류 순환에 가장 잘 노출된 곳을 차지하려는 영역 다툼 경쟁이 치열하다. 예리코벌레가 좋은 자리를 차지하고 있는 것이 확연하게 눈에 띈다. 이들은 가까운 이웃인 커다란 대왕관벌레(Riftia)보다 작은데, 사진에서 대왕관벌레의 관이 몇 개 튀어나온 모습이 보인다. 대왕관벌레처럼 예리코벌레도 숙주를 위해 독성 물질을 먹이로 바꿔주는 박테리아를 가지고 있다. 따라서 이들 부착동물에게 위치 선택은 최고로 중요하다. 이들은 아가미 일부를 잘라버리는 게의 일종인 비토그라이아 테르미드론(Bythograea thermydron)이 접근하여 위협을 느끼면 관 속으로 몸을 집어넣는다.

뒷장 양면 왼쪽

Alvinella pompejana
폼페이벌레 Pompei worm

크기 | 15cm
수심 | 2,600~2,850m

폼페이벌레는 섭씨 80도 가까운 온도에서 살아가는 지구 유일의 생물이다. 이들은 활발하게 작용 중인 열수공 굴뚝 벽에 사는데, 이 굴뚝은 스스로의 무게를 못 이기고 정기적으로 무너지면서 폼페이벌레가 분비하는 유기물 관의 네트워크를 파괴한다. 이 생물이 서식지의 맹독성을 어떻게 버텨내는지는 수수께끼로 남아 있다. 아마도 털처럼 보이는 하얀 박테리아 섬유를 사용하여 화학물질을 중성화하는 것 같다.

뒷장 양면 오른쪽

Kiwa hirsuta
예티게 Yeti crab

크기 | 20cm
수심 | 2,300m

킹콩이 되었건 히말라야의 설인 예티가 되었건, 털 달린 긴 팔을 가진 이 갑각류는 확실히 전설적인 영장류의 이미지를 떠올리게 한다. 태평양 이스터 섬 남쪽 2,000미터 이상의 깊이에 자리한 해령을 따라 2005년에 발견된 털 많고 눈 먼 이 작은 알비노 바다가재는 언론에 엄청난 반향을 불러일으켰다. 이 생물을 발견한 미셸 세공자크는 이렇게 물었다. "왜 갑자기 이렇게 큰 관심을 보이는 거죠? 사람들이, 껴안아주고 싶은 장난감에 빠져 현실을 도피하려는 걸까요?" 예티게는 정서적 투영 차원에서 즉각적인 반응을 낳았다. 이 생물을 발견했다는 발표가 있고 바로 그 다음 주에 일본에서는 똑같은 모습의 동물 인형이 판매되기 시작했다!

열수공 주변의 생물량은 일반적인 심해 환경의 생물량보다 1만 배에서 10만 배는 더 높다.

이런 풍요로운 환경의 전형적인 예로 홍합류의 일종인 바티모디올루스 셉템디에룸(*Bathymodiolus septemdierum*, 길이 12cm, 왼쪽 페이지 맨 아래)과 새우류의 일종인 리미카리스 엑소쿨라타(*Rimicaris exoculata*, 길이 5cm, 오른쪽 페이지 맨 아래 오른쪽)가 있으며, 1제곱미터당 최대 2,500마리나 되는 개체가 발견되기도 한다.

화학합성 박테리아와 공생하는 생물만이 그런 높은 밀도에 도달할 수 있는 것은 아니다. 심지어 '정상적인' 동물들도 다른 곳에서는 찾아볼 수 없는 비율로 집단을 형성한다. 프레옐라속(*Freyella* sp.)에 속하는 불가사리(직경 50cm, 오른쪽 페이지 맨 위 왼쪽)나 포식말미잘의 일종인 파크마낙티스 하시모토이(*Pacmanactis hashimotoi*, 키 4cm, 왼쪽 페이지 맨 위)는 일반적으로 홀로 지내는 동물로, 심해 평원에서 간헐적으로만 발견된다.

자루가 있는 유병해파리(*Lucernaria janetae*, 키 12cm, 정 가운데)는 전에는 표층에서만 알려졌던 종이었으나, 이제는 동태평양 수심 2,750미터의 열수분출공 주변에서 놀랄 정도로 밀집한 군집으로도 발견되고 있다.

사막의 오아시스처럼 이 독성 지역은 주변 동물들을 끌어들인다. 그 구성원으로는 꽃을 닮은 불카놀레파스 '라우 A' 속(*Vulcanolepas "Lau A"* sp.)에 속하는 열수공 따개비류 같은 부착성 갑각류(오른쪽 페이지 가운데 오른쪽)나 이 사진에서 알을 품고 있는 모습이 보이는 거미게(*Macroregonia macrochira*, 50cm 이상, 오른쪽 페이지 맨 아래 왼쪽)와 같은 이동성 갑각류가 있다.

작고 색소가 결핍된 열수분출공문어(*Vulcanoctopus hydrothermalis*, 20cm, 왼쪽 페이지 가운데)가 대왕관벌레(*Riftia*)의 커다란 관을 따라 활보하는 모습이 종종 관찰된다.

Lamellibrachia sp.
아스팔트관벌레류 Asphalt worms

크기 | 70cm
수심 | 2,900m

약 40년 동안 우리는 지구 화산 활동의 압도적인 대다수가 바다에서 일어난다는 것을 알고 있었다. 그렇다 하더라도 용암이 순수 아스팔트로 만들어질 수도 있다는 사실을 발견한 것은 놀라운 일이었다. 실제로 멕시코 만 남방 수심 2,900미터 지점의 심해저 구릉들이 아스팔트로 뒤덮여 있다. 또한 생물이 이 아스팔트에서 생명과 생장에 필요한 에너지를 뽑아낼 수 있다는 점은 놀라움 그 자체였다. 연구자 이언 맥도널드가 말하듯 "이러한 발견은 이 행성이 꼭대기에서 바닥까지 얼마나 살아 있는지, 어디까지 우리를 놀라게 할 수 있는지를 보여준다".

리사 레빈Lisa Levin 박사
미국 스크립스 해양연구소

가스가 생물을 북돋다:
메탄누출 지역

'강약' 스위치를 '약'에 맞춰놓은 기포 욕조나 위아래로 잘 흔든 뒤의 청량 음료를 상상해보자. 그리고 이제 그 거품에 공기나 이산화탄소가 아니라 메탄이 가득 차 있다고 생각해보자. 바로 이것이 가장 최근에 발견된 대단히 희한한 해저생태계인 메탄누출 지역에서 볼 수 있는 장면이다. 이곳에는 대합, 홍합, 관벌레의 군집이 해저에서 나오는 화학물질 덕분에 번성하고 있다. 누출지를 발견하기 전까지 과학자들은 심해저에서 화학적으로 움직이는 계는 오직 열수분출공과 관련되어 있다고 생각했다. 그러나 누출지는 이런 생각이 틀렸음을 입증했다. 1984년 최초로 밝혀진 누출지는 그 후 전 세계 바다에서 발견되고 있다.

메탄누출 지역은 조하대(潮下帶)부터 해구에 이르는 지역, 수심 15미터에서 7,800미터 이상에 이르는 지역에 걸쳐 나타난다. 따라서 전적으로 심해 현상인 것만은 아니다. 그러나 대륙붕 아래(200미터 이상)에서만 고도로 특수화된 생물 집단을 가진다.

투명하고 가연성이 높으며 냄새가 없는 기체인 메탄은 우리에게는 가스 난로와 가정 난방의 에너지원으로 익숙하다. 시추 작업으로 생산되는 천연가스는 주성분이 메탄으로 약 75퍼센트를 함유하고 있다. 냄새가 나는 이유는 가스 유출을 탐지할 수 있게끔 유기황화합물을 첨가하기 때문이다. 메탄은 바다 밑 지각에서 발견된다. 1차생산량이 높은 곳에서는 많은 양의 유기물—주로 플랑크톤—이 수백만 년에 걸쳐 대륙 주변부를 따라 해저에 쌓인다. 유기물은 해저로 가라앉아 쌓이면서 퇴적층 아래에 파묻히게 되고, 미생물들(어떤 지역에서는 압력과 열의 효과에 의해)이 산소 없이 유기물을 분해함에 따라 메탄이 형성된다.

깊게 파묻힌 메탄이 해저를 향해 올라오면 미생물들이 메탄을 소비하고, 이 미생물들은 다른 박테리아와 작용하여 황화물을 생산한다. 썩은 달걀 같은 냄새가 나는 황화물은 대개 독성이 매우 강하지만, 화학적 환경을 다루는 데 특화된 동물들을 먹여 살린다. 이들은 화학합성 동물로서, 신체 구성이 열수분출공에서 발견되는 동물들과 비슷하다. 메탄누출 지역에 몰려드는 동물들은, 비교적 특징도 없고 균질한 심해 퇴적층에 진정한 동물 오아시스를 형성한다. 먼저 박테리아가 해저에서 나오는 화학 액체(메탄과 황화물)를 먹으면, 이어서 특수한 대합류와 홍합류가 도착하는데, 이들은 화학물질을 거둬들여 숙주에게 에너지를 공급하는 공생 박테리아를 가지고 있다. 누출지에는 황화물을 소비하는 박테리아와 함께하는 관벌레도 있다. 어떤 관벌레는 황화물을 찾기 위해 해저 아래로 1미터까지 내려가는 매우 긴 뿌리를 가지고 있다.

해저 안에서 만들어진 메탄은 대륙 주변부 아래 해양판이 침강하면서 위로 스며 나올 수 있다. 이 새로운 생태계가 처음 발견되었을 때 '메탄누출(methane seep)'이라고 명명한 것은 이런 이유 때문이다. 그때 이후 과학자들은 메탄이 해저에서 항상 '스며 나오는(seep)' 것만은 아니라는 걸 알게 되었다. 그것은 지진에 의한 산사태에 의해서도 노출될 수 있다. 이런 이유 때문에 메탄누출은 환태평양 전체에 걸쳐 흔하게 일어난다. 일본, 알래스카, 오리건, 캘리포니아, 코스타리카, 페루, 칠레 앞바다 등 구조운동(構造運動)이 매우 활발한 모든 곳에서 발견된다. 누출은 석유, 타르 혹은 아스팔트 등과 같이 탄화수소와 관련된 다른 환경에서도 나타날 수 있다.

심해저 누출지에 살고 있는 생물 군집이 처음으로 관찰된 것은 1984년 플로리다 앞의 깊은 멕시코 만에서였는데, 이곳은 황화물이 들어 있는 염수와 관련 있는 곳이다. 염수는 지각 속에 깊이 자리한 대규모 소금광에서 스며 나오는 매우 짠 물이다. 2억 년 전 멕시코 만은 고립된 바다가 되었는데, 이것이 완전히 마르면서 8미터 두께의 소금층을 만들었다. 후에 멕시코 만과 바다가 다시 이어졌다. 오늘날 소금층은 오랜 세월에 걸쳐 일어난 퇴적 작용으로 그 아래 갇혀 있다. 그러나 '암염 구조운동'이라고 하는 층운동은 이렇게 파묻혀 있는 물질이 해저로 올라오게 해주어, 이곳에서 때로는 특징적인 '염호(鹽湖)'가 형성되기도 한다.

전 세계 심해의 메탄량은 전통적인 유전, 가스전, 탄층을 다 합친 것의 10배는 더 될 것이다. 새로운 누출지가 몇 달 간격으로 발견되고 있으며, 그 지리적 분포가 기본적으로 중앙해령이나 섭입대(攝入帶) 뒤쪽의 화산 활동과 연관이 있는 걸 보면, 아마도 열수분출공보다 훨씬 널리 퍼져 있는 게 틀림없다.

고압·저온 상태의 심해에서 메탄은 가스수화물이라고 알려진 고체 형태로 나타나기도 한다. 수화물은 단층과 틈을 따라 해저에서 위로 향하는 메탄가스의 운동에 의해 만들어진다. 찬물과의 접촉으로 결정화가 일어나는데, 메탄이 물 분자 감옥에 갇혀 해저 안에서 고체를 형성하는 것이다. 대륙 주변부를 따라 나타나는 다량의 메탄수화물은 주요한 미래 에너지원이 될지도 모른다. 메탄수화물 1리터에 168리터의 메탄가스를 함유하고 있기 때문이다. 그러나 고체 형태는 고압과 서온에서만 안정적이기 때문에 발굴과 수송, 연료원으로의 도입은 어려운 과제임이 분명하다. 메탄 사용과 관련해서 크게 문제가 되는 것은 메탄이 바로 이산화탄소보다도 훨씬 더 대기를 뜨겁게 만드는 온실가스라는 점이다. 일부 이론에 따르면, 오래전 지구의 역사에서 가스수화물의 대량 방출이 대기의 급속하고도 심각한 온난화를 일으켰을 수 있다고 한다. 이런 일은 아마도, 예를 들어, 2억 5200만 년 전 페름-트라이아스기 멸종 사건이나 5500만 년 전 팔레오세-에오세기의 극심한 온난화 현상시 발생했을 수 있다. 하지만 이런 주장은 여전히 논쟁 중이다.

누출지 생태계는 미생물에서 홍합류에 이르기까지 생물다양성이 뛰어나다. 새로운 누출지를 방문할 때마다 희한하고 알려지지 않은 미생물과의 상호작용 관계가 새롭게 드러난다. 냉누출 지역에 살고 있는 동물 집단은 열수분출공 동물들과 유사하지만, 온도가 높지 않다는 점과 수명이 더 길다는 점에서 차이가 난다. 주변의 퇴적물 온도와 비슷한 온도에서 가스가 스며 나와서 때로는 '냉누출(cold seep)'이라고도 부른다. 위치를 국부적으로 옮겨가면서 일어나는 가스분출은 수많은 열수분출공(최소한 해령 꼭대기가 재빨리 벌어지는 곳에서는 원래 순간적으로 분출이 일어난다.)보다 훨씬 더 긴 시간 동안 지속되어 안정적인 집단을 이룬다. 이러한 환경에 사는 관벌레의 경우, 수명이 200년도 더 넘는다.

메탄누출에 대한 연구는 아직 시작 단계에 있다. 누출지와, 아마도 그곳에 사는 누출지 종들 대부분이 발견되어야 할 것이다. 우리는 누출지 동물들이 어떻게 생식을 하고, 어떻게 누출지 사이를 이동하며, 정착 신호에 반응하고 서로 상호작용하는지 알지 못한다. 누출지 생태계를 더 잘 이해한다면 궁극적으로는 기후 변화, 심해 생물의 진화와 유지, 그리고 심지어 산소가 희박하고 독성 화학물이 도처에 깔린 다른 행성의 생명에 대한 비밀을 풀게 될 수도 있을 것이다. ●

Lamellibrachia luymesi
냉누출관벌레 cold seep tubeworm

크기 | 2m
수심 | 1,000m

이 관벌레는 동물계에서 수명이 가장 긴 동물 중 하나로 자그마치 250년이나 산다! 가까운 열수공의 친척처럼 이 동물은 공생 박테리아를 통해 황화수소를 '먹는다'. 반면, 친척들과는 다르게 뿌리가 있어서 기저층에 뿌리를 집어넣고 필수 자원을 찾는다. 또한 뿌리를 사용하여 황산염 분비물을 퇴적층으로 배출하는 것도 가능하다. 이런 독창적인 방법은 발 바로 아래에서 황화수소 생산을 촉진할 수 있게 해줄 것이다. 이렇게 만들어진 황화수소는 양분이 되며, 이 생물이 예외적으로 수명이 긴 까닭을 설명해준다. 이 관벌레는 탄화수소 누출지 근처에 사는데, 이곳은 열수분출공보다 장기적으로 훨씬 더 안정된 서식지이다.

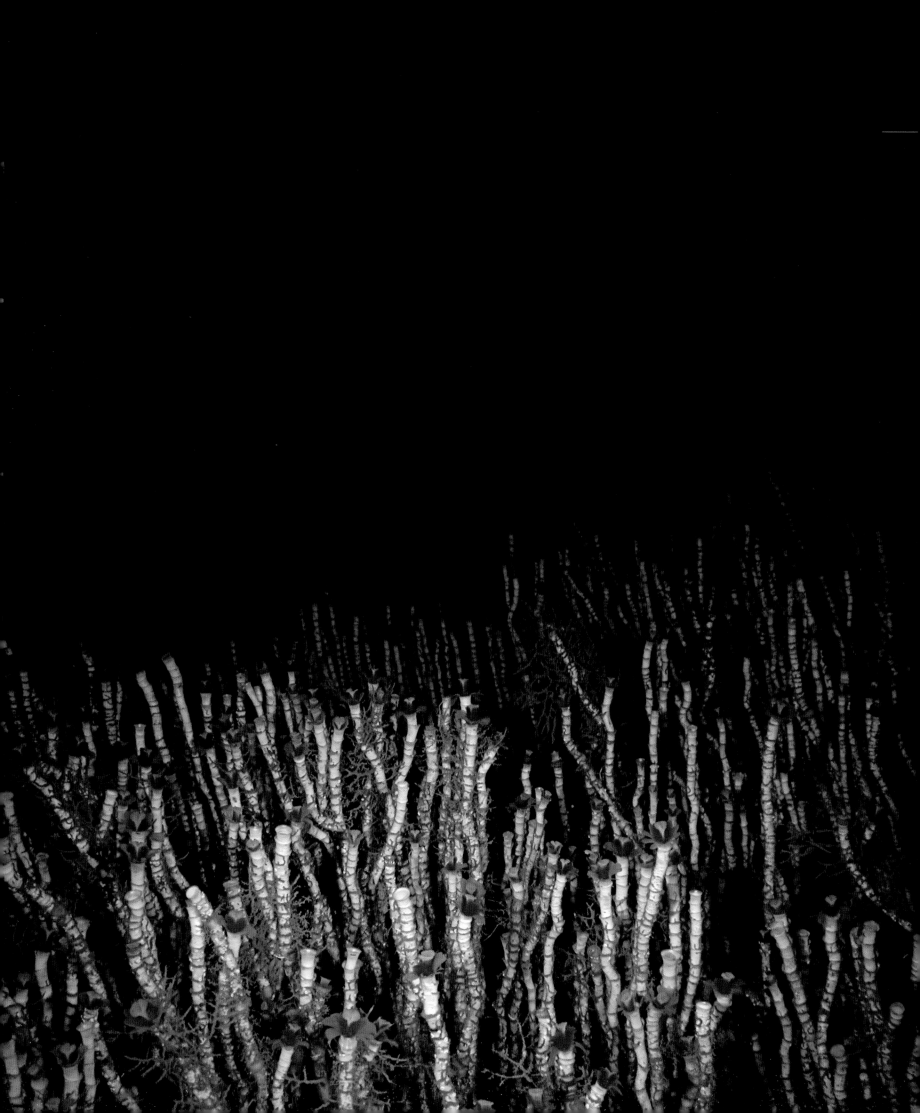

"1960년대 말에 이르러 심해저는 그 이미지가

다소 지루하고 지질학적으로 죽은 곳에서

현재 연구계의 가장 뜨거운 관심을 받는 곳으로 완전히 뒤바뀌었다."

로버트 D. 밸러드, 2000년

맞은편 위
Hesiocaeca methanicola
얼음벌레 Iceworm

크기 | 최대 5cm
수심 | 540m

둘 중 어느 것을 좀 더 색다르다고 말할 수 있을까? 메탄 냄새가 나는 얼음덩이에서 태연하게 일하고 있는 분홍색의 벌레일까, 아니면 얼음 자체일까? 온도가 낮고 압력이 높으면 메탄은 물 분자 틀 안에서 결정화되어 메탄수화물이라고 하는 작은 얼음덩이를 형성한다. 이 현상은 그 자체만으로도 호기심을 유발한다. 그러나 1997년에 오렌지색의 수화물 표면에서 조각 작업을 하는 이 벌레들을 발견한 것은, 우리가 이 행성에서 일어나고 있는 희한한 현상을 아직도 다 알지 못하고 있음을 확인한 순간이기도 했다.

맞은편 아래
메탄수화물은 일반적으로 하얗지만 여기서는 탄화수소에 반응하여 오렌지색으로 변하였다. 얼음 감옥을 벗어나려는 기체 방울은 점성의 기름이 둘러싸고 있어서 무거우며, 이 때문에 버섯 같은 모양을 하고 있다.

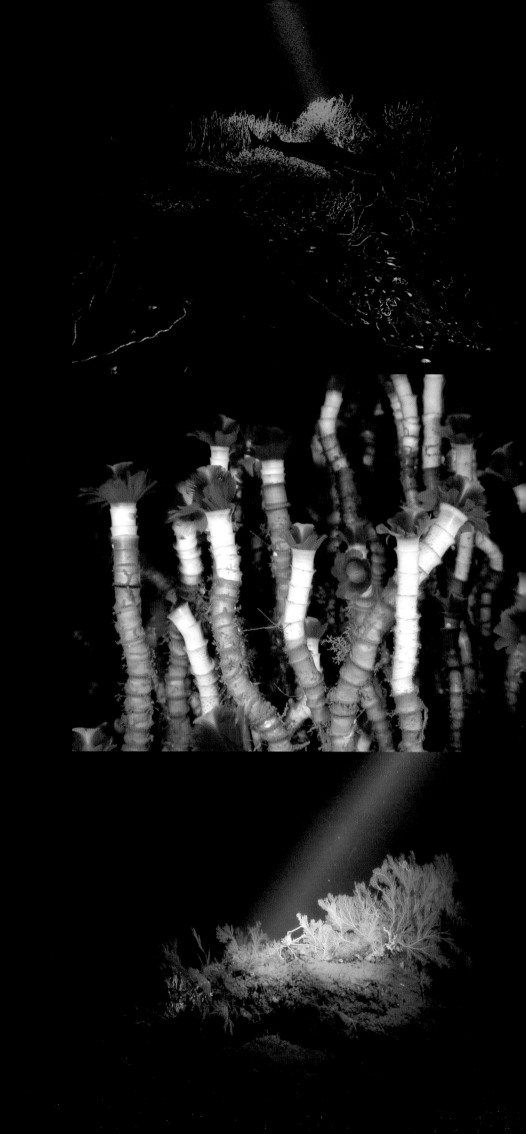

해령을 따라 일어나는 뜨거운 액체의 분출과 연관되어 있건, 대륙을 따라 일어나는 가스 또는 탄화수소의 누출과 관련이 있건 간에 화학합성 생태계가 가지고 있는 특히 놀라운 점은 엄청난 먹이사슬이 갑작스럽게 번성한다는 사실이다. 이들이 없었다면 그곳은 매우 암울한 곳이 되었을 것이다.

이 오아시스는 근본적으로 가스를 황화수소로 바꾸는 박테리아의 존재에 달려 있다. 이들이 있은 다음에야 황화물을 먹고 사는 박테리아와 공생하는 생물들이 존재한다. 이러한 생물로는 라멜리브라키아 루이메시(*Lamellibrachia luymesi*, 왼쪽 페이지 가운데)나 사진에서 라멜리브라키아 바르하미(*Lamellibrachia barhami*, 정 가운데)와 함께 보이는 에스카르피아 스피카타(*Escarpia spicata*)가 있다.

달팽이와 다른 동물들은 메탄수화물 표면을 덮고 있는 박테리아를 자유롭게 먹어치운다(오른쪽 페이지 가운데 오른쪽). 이 얼음산 주변에서는, 마치 해저가 새는 것처럼, 때때로 지하층으로부터 기체가 방울 기둥의 모습으로 빠져나오는 장면을 볼 수 있다.

이 지역에는 생물학적 풍부함 때문에 특화되지 않은 부수적인 동물상이 빠른 속도로 생겨난다. 우아하고 화려한 색의 집게인 에우무니다 픽타(*Eumunida picta*, 오른쪽 페이지 맨 위 왼쪽)는 심해 산호초에 거주하는 전형적인 생물로, 자신의 영역 안에 들어온 어류를 잡는 모습이 관찰되었다. 벌레의 관 사이에서 느긋하게 빈둥거리는 울퉁이상어(*Cirrhigaleus asper*, 왼쪽 페이지 맨 위)와 붕장어(*Conger* sp., 오른쪽 페이지 맨 위 오른쪽)는 이 풍요로운 지역에 사냥을 하러 찾아든 동물로, 이들은 다양한 환경에 적응하여 살 수 있다.

앞의 집게류처럼, 바다부채산호들(*Callogorgia americana*, 오른쪽 페이지 맨 아래 오른쪽)은 심해 산호초를 빈번하게 차지하는 주인공이다. 최근 이 동물이 머물던 구역이 상어 알로 뒤덮인 채 발견되었다. 사진에서는 거미불가사리(*Asteroschema* sp.)가 이 동물의 가지를 장식하고 있다.

"가까운 미래의 무한한 개척지는

외계가 아니라 바다 밑 광활한 공간이다."

로버트 S. 디츠, 1961년

맞은편 위
홍합밭에 둘러싸인 안개층이 보여주는 황
량하고 그다지 매력적이지 않은 풍경이란!
홍합류 군락이 마치 무중력 상태로 떠 있
는 듯 보인다. 심해에서 전개되는 모든 화
학 현상 중에서도 염호(鹽湖)는 특히 희한
한 현상으로 꼽힌다. 바다 안에 있는 해저
호수의 존재 자체도 이해가 불가하다. 어떻
게 주변의 물과 호수의 물이 섞이지 않는
단 말인가? 그것은 단순하게도 너무나 높
은 염도 때문이다. 염수는 해양 지각 아래
수백 미터 두께로 묻혀 있는 소금층에서
나온다. 멕시코 만의 심해에 마치 또 하나
의 사해가 심어져 있는 깃처럼. 이 호수는
염도가 너무 높아서 탐사 잠수정이 그 표
면에 닿으면 위로 튀어 오를 정도이다. 심
지어 엔진을 꺼도 될 만큼 잠수정은 염호
위를 떠다닌다. 이곳에서는 생물학자 찰스
피셔의 말마따나 "대단히 초현실적인 경
험"을 하게 된다.

맞은편 아래
해저를 향해 올라오는 과정에서 염수는 종
종 메탄을 풍부하게 함유하게 된다. 따라서
이런 종류의 양분 섭생에 적응되어 있는
동물들은 이를 적극 이용한다. 이 해저 호
숫가를 덮고 있는 홍합류의 일종인 바티모
디올루스 킬드레시(Bathymodiolus
childressi)가 한 예다. 그렇지만 염도는 모
든 생물에게 치명적이기 때문에 생과 사를
가르는 선은 매우 얇다. 살아 있는 생물들
은, 염호에 너무 가까이 가는 모험을 했던
운 나쁜 동물들의 뼈가 있는 이 묘지 주변
에 머무른다. 게, 복족류, 다모류 벌레는 물
론 이 사진에서 보이는 은상어류와 같은
물고기를 포함해 특화되지 않은 모든 동물
들이 메탄을 뿜어내는 오아시스를 이용하
기 위해 이곳으로 몰려든다. 수많은 염호가
멕시코 만과 지중해에서 발견되었으며, 그
길이는 1미터에서 20킬로미터에 이르기까
지 다양하다.

이 사진은 30톤의 거구가 해저에서 18개월
을 보낸 이후의 모습이다. 첫눈에 보기에
이 뼈대는 제공할 게 더는 없어 보이지만,
실제로 주변 퇴적물에는 유기물질이 엄청
나게 풍부하다. 매우 조밀하게 모여 있는
수많은 갑각류와 다모류 벌레들—흰색의
작은 점들로 뒤덮여 있다.—은 앞으로 수년
동안 이것을 먹으며 살아갈 것이다. 원시적
인 점액질 장어인 엡타트레투스 스토우티
(*Eptatretus stoutii*) 몇 마리가 전리품 주변
을 서성이며 살점이 모두 깨끗하게 처리되
었는지 확인하고 있다. 총 400종 이상의 동
물들이 고래 사체를 먹는다.

13미터의 귀신고래 사체가 심해의 묘지에
누워 있는 모습이 가슴 아픈 장면을 연출
하고 있다. 매년 전 세계적으로 약 6만 9천
마리의 대형 고래들이 일반적으로 굶거나
병에 걸려 죽는다. 사체의 90%는 심해로
가라앉는데, 그곳에서 고래의 사체는 수십
년간 그 지역의 동물들을 먹여 살린다. 몸
집이 더 큰 고래는 거의 한 세기 동안 먹이
가 되어준다!
이 사진은 캘리포니아 해안에서 수심 1,700
미터 아래로 가라앉은 동물의 몇 달 뒤 모
습을 보여주고 있다.

크레이그 R. 스미스Craig R. Smith **박사**
미국 하와이대학교

고래의 죽음은
심해저 생명의 시작

과학자들은 대부분의 고래가 죽으면 심해로—신화 속 고
래 무덤에 묻히는 게 아니라 바다 속 이동 통로를 따라—
가라앉는다는 사실을 오래전부터 알고 있었다. 이 거대한
생물은 지구상에서 가장 큰 동물—대왕고래(흰긴수염고래)
의 성체는 길이가 30미터, 몸무게가 100톤에 달한다.—이
라서, 과학자들은 평소 먹이가 부족한 심해저에 가라앉은
죽은 고래는 청소동물들에게 굉장한 노다지가 될 것이 틀
림없다고 생각했다. 그러나 1987년 고래의 사체가 처음으
로 직접 심해에서 관찰되기 전까지만 해도 고래의 잔해에
풍요로운 동물 군집이 형성돼 있으리라고는 상상도 하지
못했다.

1987년, 연구 탐사 잠수정 앨빈 호는 해저에서 죽은 고
래를 우연히 발견했다. 거의 같은 시기에 미 해군은 캘리
포니아 해안 앞바다에 추락한 미사일 한 발을 찾다가 여
덟 구의 고래 사체 골격을 발견했다. 이런 발견 이후 호기
심 많은 과학자들은 최소 20마리가 넘는 자연사한 고래
를 실험적으로 가라앉혀 연구하기도 했다. 이 연구를 통
해 죽은 고래들이 예기치 않게 다양한 생물들을 먹여 살
리고 있으며, 해수면에서 고래를 사냥하는 일이 수 킬로
미터 아래 칠흑 같은 어둠 속에서 고래의 사체를 먹고 사
는 수많은 종들을 위험에 빠뜨릴 수도 있다는 사실이 밝
혀졌다.

심해저는 대개 먹이가 아주 부족한 곳으로, 표층에서
가라앉는 미량의 유기물 입자들만이 공급된다. 따라서 가
라앉은 고래는 보통 해저에 4,000년에 걸쳐 내려올 먹이
를 단 한 번에 공급할 정도로 엄청난 양의 유기물 유입을
가져다준다. 커다란 고래 사체가 심해저에서 소비되는 데
에는 수십 년, 심지어 한 세기가 걸리기도 한다. 죽은 고
래, 즉 해저로 떨어진 고래 사체(whale fall)는 일정한 동물
종들의 차지가 되는데, 이들은 정해진 단계와 순서에 따
라 고래의 지방, 근육, 뼈를 여러모로 활용한다. 죽은 고래
가 처음 바닥에 닿으면 그 충격파와 지독한 냄새가 몇 시
간 내 운동성이 뛰어난 수많은 청소동물들을 끌어들인다.
캘리포니아 앞바다의 주요 청소동물로는 사체에서 살덩

어리를 큼지막하게 잘라내는 4미터 길이의 잠보상어와
고래 지방 속으로 파고들어가며 식사를 하는 끈적거리는
수백 마리의 먹장어류도 있다. 모두 합쳐 최소한 38종의
어류, 갑각류, 연체동물들이 심해에서 고래의 연조직으로
광란의 잔치를 벌여 하루에 최대 60킬로그램씩 고래 사
체를 없앤다. 어린 귀신고래의 사체라면 이런 광란의 잔
치는 몇 달 동안 계속되고, 어른 대왕고래라면 10년 이상
계속되어 마침내 뼈만 남게 된다.

당연히 광란의 청소동물들은 사체 주변 온 바닥에 고
래의 살점을 떨어뜨리며 지저분하게 먹는다. 이런 습성은
근처 퇴적물에 유기물을 풍부하게 공급해주는 효과가 있
다. 덕분에 벌레, 달팽이, 갑각류들이 진흙과 썩어가는 고
기, 박테리아 등의 혼합물을 먹고 번성하게 된다. 죽은 고
래 주변의 유기물이 풍부한 여건에 매료되어 멀리서(최소
한 10킬로미터)부터 왔다고 하여 이런 동물들을 풍부한 양
분을 찾아다니는 '기회주의자'라고 부른다. 그들은 이 기
회를 잡아 신속하게 성장하고 생식하여 새끼를 바닷물에
흘려보낸다. 그러면 새끼는 해류에 떠다니면서 다음번 고
래 사체나 또 다른 잔치를 기다린다. 매우 놀랍게도 이런
것을 좋아하는 수많은 벌레와 달팽이들은 학계에 알려지
지 않은 신종들로서, 고래 사체 주변에서만 발견되었다.
아마도 이들은 죽은 고래들이 해저로 가라앉아 유기물이
지속적으로 풍부한 서식지를 형성하는 고래 이동 루트 밑
에서 진화한 것일 수 있다. 그중에서 가장 희한한 동물은
아마도 뼈를 먹는 벌레(*Osedax* sp.)일 것이다. 이들은 엄

청난 양의 점액을 만들어낸다고 해서 콧물벌레라고도 불리는데, 고래의 뼈와 뼈 속에 함유된 풍부한 고래기름을 소비하는 놀라운 능력을 보여준다. 작고 붉은 야자수같이 생긴 이 벌레는 죽은 동물의 뼈 안에 구멍을 파는 녹색의 '뿌리'가 있다. '뿌리'에는 고래기름을 분해하여 이들에게 풍부한 먹이를 제공해주는 특별한 박테리아가 뒤덮여 있다. 이 벌레는 해저의 대형 포유류 뼈를 분해하여 뼈 속에 들어 있는 풍부한 먹이를 캐내는 동물 중 최초로 알려진 동물이다.

수년 뒤 이런 동물 집단이 사그라지면 고래의 뼈는 '황을 좋아하는' 새로운 동물들의 차지가 된다. 이 집단은 뼈에서 스며 나오는 황화물로부터 화학에너지를 얻어 번성한다. 황화물은 박테리아가 만들어내는데, 이들은 커다란 뼈대 속에 아직 함유되어 있는 수 톤의 고래기름을 무산소대사를 통해 분해한다. 고래기름의 분해를 시작하는 것은 산소 호흡 박테리아이다. 그러나 골격에 들어 있는 엄청난 양의 기름이 이용가능한 모든 산소를 금방 소진해버리면서 이들은 황산염 호흡 박테리아로 대체된다. 이 새로운 박테리아는 해수의 황산염을 에너지가 풍부한 혼합물인 황화물로 바꾼다. 황화물의 생성은 완전히 새로운 화학 먹이사슬을 사체 주변에 형성한다. 이제 큰 대합조개류와 자그마한 홍합류 수천 마리가 뼈를 차지하는데, 이들은 각자 박테리아 군체를 가지고 있다. 이 박테리아는 황화물을 '먹고', 이어서 독성이 큰 이 화합물에서 나오는 에너지를 써서 유기물을 생산해 숙주인 연체동물을 먹여 살린다. 이런 대합류와 홍합류는 심해 열수분출공 근처에서 발견되는 특정 종들과 굉장히 유사하다. 다수의 실마리를 통해 우리는 황화물이 풍부한 고래 사체가 3천

만 년 동안 열수분출공 서식지를 개척하는 데 디딤돌이 되었을 거라고 추측해본다. 대합류, 홍합류와 함께 400종 이상의 동물들로 구성된 복잡한 먹이사슬이, 황화물이 풍부한 고래 골격을 공유한다. 이들 중 많은 동물들은 고래 뼈에서만 산다고 알려졌으며, 이들은 아마도 '고래 사체 전문가'일 수도 있다. 이들은 생활사를 완성하기 위해서 해저의 고래뼈를 찾아야만 한다. 하지만 이것이 생각하는 만큼 그렇게 말도 안 되는 일은 아니다. 현재 알려진 바에 의하면 대형 고래 한 마리의 뼈대로는 황을 사랑하는 집단을 수십 년 동안 먹여 살릴 수 있으며, 전 세계 해저에는 적어도 60만 마리의 고래 사체가 뒤덮여 있다고 한다!

상당수의 심해 동물이 고래 사체에 의지해서 진화했을 것이란 가능성을 예측하면서 우리는 인간의 고래잡이 활동이 미친 결과를 곰곰이 생각하게 된다. 많은 바다에서 이루어진 대형고래잡이로 살아 있는 고래의 수가 75%씩이나 줄었으며, 따라서 자연사하여 해저에 가라앉는 고래의 수도 감소했다. 이는 고래 사체 전문가들이 가볼 수 있는 서식지가 크게 줄었다는 것을 의미한다. 서식지가 눈에 띄게 줄다보면 불가피하게 많은 종이 멸종에 이른다는 것은 생태 연구를 통해 잘 알려진 사실이다. 따라서 고래잡이를 계속함으로써 대형고래의 개체수가 적게 유지된다면, 한때 풍부했던 죽은 고래비가 위로부터 내려오기만을 헛되이 기다리던 수많은 심해 종이 인간의 손에 멸종될지도 모를 일이다. 여기서 우리가 얻을 수 있는 중요한 교훈은 해양 생태계가 우리가 꿈도 꾸지 못한 방식으로 서로 연결되어 있다는 점이다. 이런 사실은 속속 증명되고 있다. 표층의 바다에서 죽은 거대한 고래가 수천 미터 아래 심해저에서 놀라울 정도로 다양한 생물들을 먹여 살리고 있으니 말이다. ●

맞은편
고래는 특이한 포유류이다. 뼈의 60%가 지방으로 이루어져 있어서 그 거대한 골격이 물속에서 부력을 유지하는 게 가능하다. 분해 과정의 첫 단계는 대형 이동성 청소동물들이 장악하고, 두 번째 단계는 깨끗하게 청소를 담당하는 소형 동물들의 무대이다. 이어 세 번째 단계는 박테리아의 작업으로 이루어진다. 이들은 뼈 속으로 침투하여 뼈 속 지질을 분해함으로써 황화수소를 방출하는데, 이 황화수소는 화학합성 먹이사슬의 기초가 된다. 박테리아 층이 마치 눈가루처럼 고래의 척추를 덮고 있다.

위와 맞은편

Mora moro

태평수염대구 Common mora

크기 | 최대 80cm
수심 | 450~2,500m

가운데

Synaphobranchus kaupii

카우프장어 Kaup's arrowtooth eel

크기 | 최대 1m
수심 | 236~3,200m

아래

Centrophorus squamosus

꼬마꿀꺽상어 Leafscale gulper shark

크기 | 최대 160cm
수심 | 145~2,400m

심해의 청소동물이라고 해서 살아 있는 먹이를 사냥할 수 없는 건 아니다. 일반적으로 사체를 먹는 동물들은 발견하는 모든 먹이를 해치우는 기회주의자들이다. 예를 들어 상업적으로 남획되는 어류인 태평수염대구는 죽은 고래의 살점을 먹어치울 뿐 아니라 살아 있는 갑각류와 인간이 버린 것들도 먹는다. 카우프장어는, 대륙사면에 사는 동물 중 가장 심하게 남획·착취되는 종의 하나인 꼬마꿀꺽상어와는 달리 어업계의 관심을 살 정도로 살점이 많지는 않다.

6,000미터 아래 깊고 깊은 해구의 영역은 그리스 신화에서 지하 세계의 지배자 하데스의 이름을 따 영어로 '헤이들존(hadal zone, 초심해대)'이라고 부른다. 해구는 우리의 일상 경험과는 너무나 멀리 떨어져 있어서 오랫동안 사람들에게 놀라움을 안겨주었다. 최대 수심 11,000미터의 해구는 해저의 1%가 약간 넘는 부분만을 차지할 뿐이지만, 바다의 다른 생태계와는 근본적으로 너무나 다르다! 좀 더 깊은 해구에서는 1제곱센티미터당 1톤이 넘는 으스러질 정도의 엄청난 압력이 가해진다. 과연 생물이 그런 극한 조건에서 살 수 있을지 회의적인 생각이 들 것이다. 그러나 살고 있다. 거대한 손톱이 남긴 자국처럼 지구의 살을 베어놓는 이 깊은 틈에 대해서 우리는 얼마나 알고 있는 것일까?

바다에서 가장 깊은 지점이라고 하면 해안에서 멀리 떨어진 곳을 생각할 것이다. 하지만 사실은 그렇지 않다. 바다의 중심부는 종종 비교적 얕으며, 세계에서 가장 깊은 해구들은 실제 육지 가까이에 있다. 30개 이상의 심해 해구의 깊이는 6,000미터가 넘으며, 그중 네 개는 거의 11,000미터에 달한다. 에베레스트 산(8,848미터)을 이들 해구 중 하나에 거꾸로 집어넣는다고 해도 2,000미터의 여분은 있을 것이다. 지구에 있는 해구의 4분의 3이 태평양에 자리잡고 있다. 해구는 우리의 발 아래, 좀 더 정확히 말하자면 우리의 배 아래 있는 암석 내부에 격렬하게 작용하는 힘으로부터 생성된다.

지구 표면은 점성이 큰 용융 상태의 암석층 위를 떠다니는 딱딱한 몇 개의 판으로 이루어져 있다. 판들이 서로 멀어지는 곳에 마그마가 위로 솟아나와 틈을 메우면서 거대한 해저 산맥을 이루는데, 이를 중앙해령이라고 한다. 새로운 암석권이 만들어지면서, 오래된 암석권은 판 하나가 다른 판 밑으로 미끄러져 들어가며 해구를 만들 때까

간타로 후지오카 Kantaro Fujioka **박사**

듀걸 린지 Dhugal Lindsay **박사**

일본 해양연구개발기구JAMSTEC

심해 해구:
궁극의 심연

지 옆으로 밀려난다. 해구에서는 오래되고 좀 더 무거운 판들이 생긴 지 얼마 되지 않은 부유성 판 밑으로 가라앉는다.

1912년에 이르러 세계 해구의 대부분이 발견되고 기록되었지만 세계에서 가장 깊은 지점은 그때까지 발견되지 않았다. 이후 많은 나라들이 경쟁적으로 찾아 나선 결과, 마침내 1950년에 영국의 배가 이곳을 찾아냈다. 그 지점은 태평양에 있는 챌린저 해연(Challenger Deep)으로, 마리아나 해구 남쪽의 수심 10,924미터 지점이다.

1960년 1월 23일 미 해군 대위 돈 윌시와 자크 피카르ㅡ심해 잠수정의 발명자인 스위스의 뛰어난 과학자 오귀스트 피카르의 아들ㅡ는 불가능한 것을 이뤄냈다. 트리에스테라는 심해 잠수정을 타고 챌린저 해연에서 수심 10,916미터 지점까지 잠수를 했던 것이다. 5시간 동안 내려간 끝에 바닥에 닿은 피카르와 윌시는 심해 잠수정이 들어올린 퇴적물에서 납작한 물고기 같은 동물이 천천히 빠져나오는 것을 관찰했다. 그 후 이런 깊이에서 물고기를 보았다는 보고가 더는 있지 않았지만, 이는 그런 극한 압력 속에서도 생존하는 생명이 있다는 것을 보여준 증거라 할 만했다.

트리에스테는 오늘날까지 인간을 지구에서 가장 깊은 지점까지 데려간 유일한 잠수정이다. 피카르와 윌시의 역사적인 잠수는 기록을 세우려는 광적인 경쟁에 확실한 종지부를 찍었다. 그 후 정복의 시대가 지나고 진정한 탐사의 시대가 찾아왔다. 따라서 대부분의 잠수정들은 최대 수심 6,000미터까지 가게끔 설계되었는데, 이는 전 세계 바다의 97%까지 도달할 수 있는 범위이다. 모든 나라 중에서도 특히 일본은 앞장서 해구를 조사해야 할 절실한 이유를 가지고 있다. 이러한 깊은 틈으로 둘러싸여 있는 일본은 지진이라는 형태의 파괴적인 흔들림이 자주 일어나는 곳이다. 일본이 투자한 특이한 조사 도구로, 가이코(Kaiko)라고 하는 심해 잠수 로봇이 있다. 케이블로 연결되어 심해로 잠수하는 이 로봇은 수심 11킬로미터까지 들어갈 수 있다. 수심 1만 미터 이상까지 들어가는 수많은 잠수를 통해 일본의 과학자들은 극한 조건에서도 생명이 흔하게 존재할 뿐 아니라 이런 조건은 동물 생존에 필수 조건임을 증명했다. 이러한 동물이 바로 '극한환경미생물(extremophile)'이다. 예를 들어 어떤 미생물들은 고압 환

경 속에서 살아야만 생활사를 성공적으로 마칠 수 있다. 극한의 압력이 생명 발달에 종지부를 찍는 게 아니라 건강의 필요 조건이 될 수도 있는 것이다!

그러나 심해 해구의 바닥에는 미생물만 번성하는 것이 아니다. 느린 해류를 따라 젤라틴질 부유생물, 홀로투리아속(Holothuria)의 해삼이 바닥 바로 위로 쓸려온다. 먹이가 드문 심해 세계에서 젤라틴질의 몸체는 흔히 볼 수 있는 적응 구조이다. 덕분에 동물들은 골격을 만드는 데 많은 에너지를 들이지 않고도 몸집을 키울 수 있다. 심해의 조용한 물에서는 그런 젤리 같은 동물들을 산산조각 낼 파도가 없기 때문에 물로 된 해삼의 몸체는 완벽한 적응의 결과인 것이다. 사실 8,000미터 아래에서는 해삼이 저인망 어획량의 98% 이상을 차지한다. 원격조종 무인탐사기 가이코는 해삼 이외에도, 드문드문 발견되는 다모류 벌레와 커다란 단세포 유기체로 폭이 10~25센티미터나 되는 배설물 덩어리 같은 모양의 크세노피오포레(xenophyophore)를 발견했다. 카메라에는 보이지 않았지만 퇴적물 표본 주상시료에서 유공충이라고 하는 현미경적 크기의 유기체도 나왔는데, 분자연구 결과 이것이 살아 있는 화석—해구의 '실러캔스(coelacanth)'—임이 밝혀졌다. 단세포동물인 유공충은 많은 환경의 먹이사슬에서 중요한 연결 고리를 이루고 있다. 이 살아 있는 화석의 풍부한 군집을 지구에서 가장 깊은 지점에서 산 채로 발견한 것은 굉장한 일이었다. 해구에는 청소동물 단각류, 커다란 창자를 가진 소형 갑각류 등 육식동물도 있는데, 이들은 부드러운 진흙 아래에서 자신들에게 양분을 제공해주는 죽은 어류와 기타 동물들이 진흙으로 가라앉기만을 기다리고 있다.

희한하고도 놀라운 또 다른 해구 거주자들로 나무 전문가들이 있다. 표층과 그렇게 멀리 떨어진 곳에서 사는 동물들이 생존을 위해 식물에 의존한다는 것이 의아할지도 모른다. 해구는 육지에서 매우 가깝고, 또 매우 깊기

때문에 폭풍우나 태풍에 꺾인 신선한 식물이 아주 깊은 곳까지 매우 빠른 속도로 가라앉는다. 이렇게 떨어지는 나무는 해저의 에너지원이 되어, 나무에 구멍을 파는 벌레, 대합조개류, 갑각류들이 번성할 수 있게 해준다.

어떤 해구 거주자들은 사체와 부스러기가 표층에서 떨어져 내리는 것에 의존할 필요가 없다. 화학합성 동물들은 지각판 운동에 의해 퇴적물에서 스며 나오는 기체와 액체를 먹고 산다. 메탄이나 황화물이 풍부한 독성의 액체가 해저에서 스며 나오는 곳에는 박테리아와 공생하는 동물들—대합조개류, 홍합류, 관벌레류—이 번성한다. 가이코는 수심 7,300미터나 되는 곳에서 화학적으로 형성된 군집을 발견했다.

해구의 생물 군집을 특징짓는 것은 높은 수준의 고유성이다. 해구는 가파르고 서로 평행하게 뻗어 있기 때문에 격리된 깊은 골짜기처럼 작용하여 다른 지역의 생물 군집과의 교류가 실질적으로 불가능하다. 따라서 해구 지역 동물들은 유전적으로 격리되고 신종이 진화한다. 표본으로 채집된 동물의 최대 50%가 해구 한 군데에서만 사는 고유종임이 증명되고 있다.

해구 유기체의 다양성은, 생명이 가장 도전적인 환경에서조차 살아남을 수 있다는 것을 우리에게 가르쳐준다. 해구라는 이 깊은 틈이, 학계에 알려지지 않은 더 많은 생명체들을 품고 있는 게 확실하다. 오늘날까지 6,000미터 아래의 중층 수역이 탐사된 적은 없다. 그동안은 심해저 표면, 심해저 바로 위, 그리고 심해저 속에 사는 동물들에 초점이 맞춰졌으며, 그 위의 거대한 양의 물은 무시되었다. 물론 훨씬 더 큰 도전이 기다리고 있다. 15킬로미터가 넘는 케이블 밑에 달린 플랑크톤 네트를 조사한다고 상상해보라! 전 세계에서 유일했던 해구 탐사 장치 가이코는 2003년에 우연히 분실되었다. 이는 해구 거주자에 대한 탐사가 중단되었음을 뜻했다. 그것은 우리 행성의 가장 깊은 비밀에 대해 알고자 하는 사람들이 얼마나 엄청난 기술적 도전에 직면하고 있는지를 생생하게 상기시켜주었다. ●

미확인 종
짧은채찍옆새우과

크기 | 2cm
수심 | 2,600m

구부러진 척추와 선사시대적인 외모를 가진 이 심해 단각류는 그 속(屬)에서 가장 두드러진 종 중 하나이다. 심해의 바닥에 사는 이 동물은 그곳에서 갈고리같이 생긴 다리를 사용하여 유리해면의 줄기에 붙어 있다. 단각류는 널리 퍼져 있으며, 현존하는 동물 중 가장 깊은 곳에 사는 동물의 하나로 전 세계 해구에서 발견된다. 이들은 위에서 가라앉은 죽은 동물에게 열심히 떼지어 몰려가는 게걸스러운 청소동물이다. 사진 오른쪽으로 머리가 보인다. 밝은 분홍색 부위는 턱과 입이다.

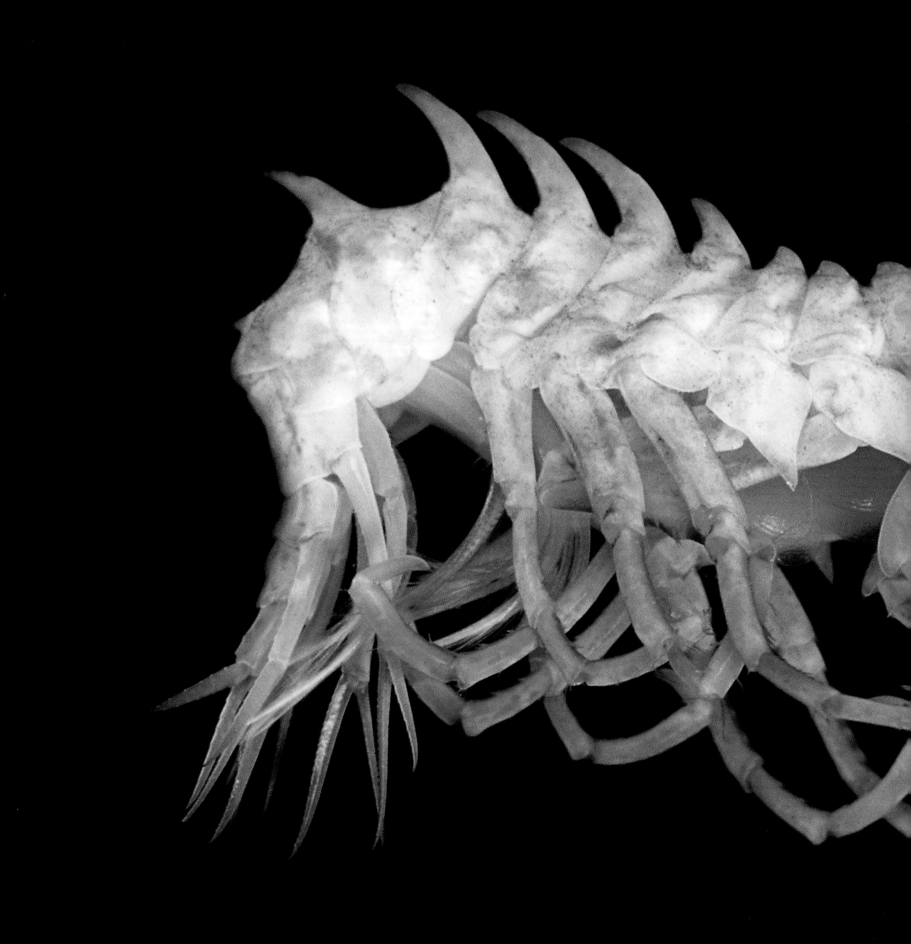

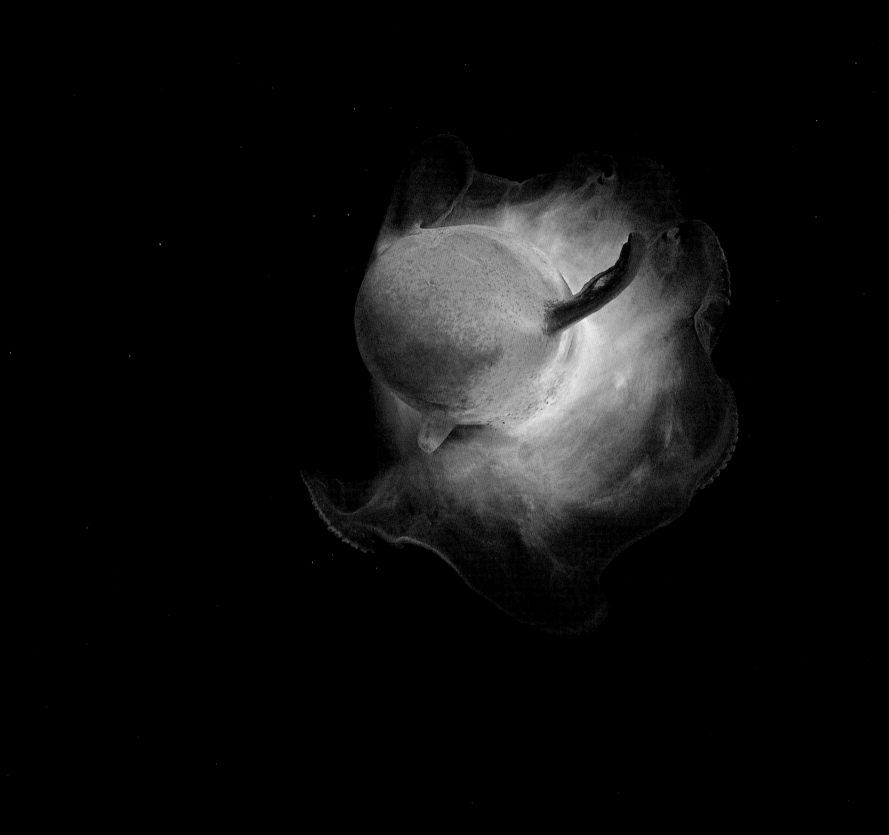

5kg: 주변 근처에 존재하는 1제곱미터당 유기체들의 평균 무게. 이와 비교하여, 심해의 생물량은 1제곱미터당 1그램 미만이다. 심해에서는 종은 훨씬 다양하지만 개체수 밀도는 현저히 떨어진다.

7mm/년: 북극해 아래 구조판 사이의 연간 확장 속도. 태평양에서는 구조판이 매년 18센티미터씩 분리되는데, 북극해에서보다 약 25배나 빠르다.

9m(18개월에 9미터 형성): 거의 50미터에 달하는 인상적인 높이 때문에

20km: 구조판이 분리되는 곳에 매년 생성되는 해양 지각의 부피.

60m: 축구장보다 넓은 깔때기 모양의 심해 저인망의 폭.

75~95%: 대량 멸종 시기에 사라져버린 동물 종의 비율. 지난 5000만 년 동안 이런 일이 다섯 번 일어났으며, 가장 파괴적인 대량 멸종은 2500만 년 전에 일어났다.

100곳: 지난 25년간 발견된 열수공 지역의 개수.

**15억 명의 생물량과 동일한 것으로 계산한다.

300~500배: 열수공 굴뚝 주변 해수의 양분이 나머지 바닷물 속의 양분에 비해 300~500배는 더 많다.

1000년: 수괴(해수 덩어리)가 지구를 한 바퀴 순환하는 데 걸리는 시간.

1000만 년: 동식물상이 대량 멸종된 뒤 다시 그 이전 수준의 생물다양성을 회복하는 데 걸리는 시간.

3,729m: 바다의 평균 수심.

숫자로 본 심해

워싱턴대학교 과학자들이 '고질라'라는 별명을 붙인 열수공 굴뚝, 블랙스모커가 형성되는 속도 기록. 이 굴뚝은 무너졌다가 즉각 또다시 만들어진다.

13℃: 지중해에서 가장 깊은 수심 약 5,000미터 지점의 온도. 이곳의 심해는 지브롤터 해협이 찬 해류의 유입을 차단해주기 때문에 다른 바다에서보다 최소한 섭씨 10도가 더 높다. 홍해 심해의 온도는 수심 3,000미터 지점에서 섭씨 21.5도로 세계에서 가장 높은 기록을 가지고 있다.

100~200척: 수심 200미터 이하에서 발견되는 난파선의 수. 로버트 D. 밸러드에 의하면 "심해는 세계 최대의 박물관"이다. 사실 심해는 수천 척, 아니 수백만 척의 난파선들을 거뜬하게 보유하고도 남을 곳이다.

105℃: 세계에서 가장 열에 잘 견디는 미생물인 피롤로부스 푸마리(*Pyrolobus fumarii*)의 최적 생장 온도.

150만 마리: 200년 동안 인간에 의해 죽어간 대형 고래의 수. 뤼시앵 로비에는 이들 고래의 생물량이 인구

4,188m: 바다 중에서 가장 깊고 넓은 태평양의 평균 수심. 태평양은 지구 바다의 거의 절반을 차지한다.

1억 5000만 년: 대서양이 대륙의 틈에서 시작하여 현재의 크기까지 다다르는 데 걸린 시간.

3억 700만 km²: 수심 400미터 이상인 바다가 차지하는 면적으로, 지구 표면의 60%가 넘는 수치이다.

Grimpoteuthis **sp.**
우산문어류 Umbrella octopus

크기 | 20cm
수심 | 300~5,000m

놀라운 진홍색의 이 우산문어는 대부분 수동적으로 심해층 물속을 흘러 다닌다. 가끔씩 먹이를 먹거나 냉수성 산호 가지에 알을 붙이기 위해 해저에 내려와 서성인다. 이 동물은 귀처럼 생긴 지느러미를 팔랑거리며 우습게 보일 정도로 느리게 몸을 밀며 나간다. 먹이가 풍부하지 않은 심해 평원에서는 절대로 에너지를 낭비할 수 없기 때문에, 달팽이 같은 속도로 살아가는 생물들을 흔히 볼 수 있다. 이것이야말로 심해를 살아가는 성공적인 전략이다.

맞은편

Amphitretus pelagicus
망원경문어 Telecscope octopus

크기 | 30cm
수심 | 100~2,000m

투명한 젤라틴 막에 싸인, 유령처럼 보이기도 하는 이 놀라운 문어는 중층 수역에서만 산다. 아마도 회전하는 망원 눈으로 위에 있는 먹잇감의 윤곽을 찾아내는 것 같다. 이 특이한 동물의 생활사는 거의 대부분 알려져 있지 않다.

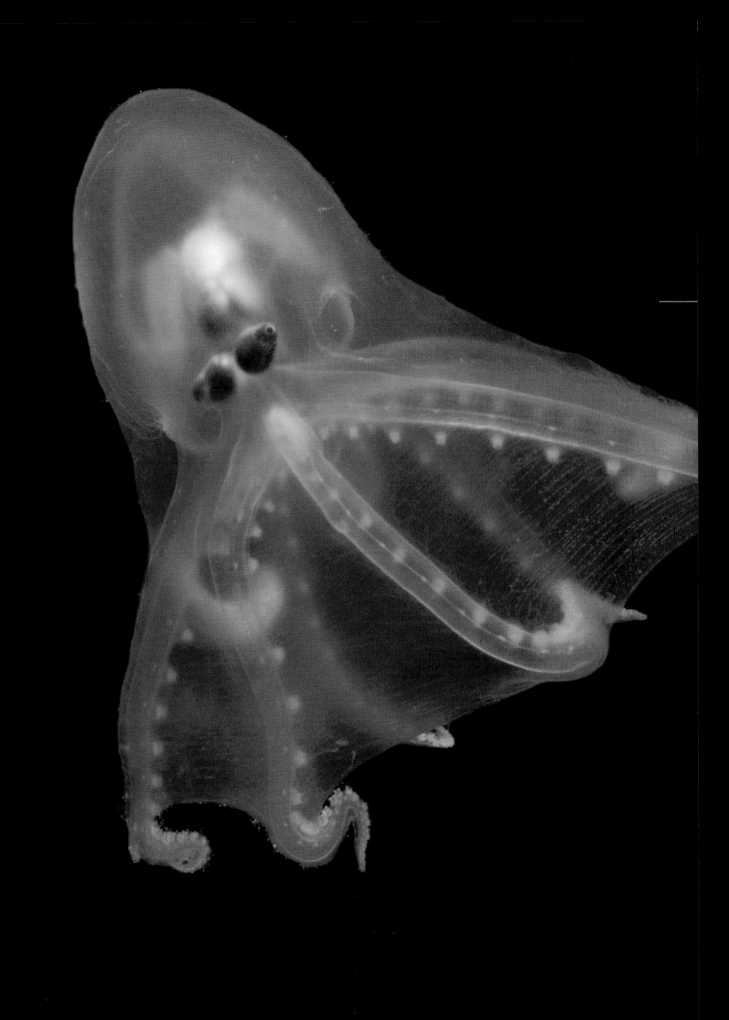

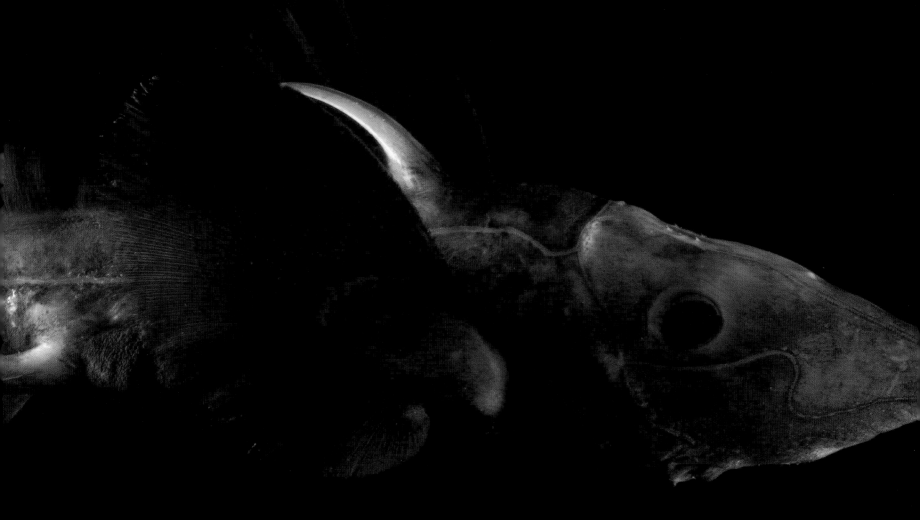

용어설명

동물 플랑크톤: 동물계에 속하는 플랑크톤 유기체. 대다수는 소형 갑각류(요각류, 크릴), 화살벌레, 젤라틴질 생물로, 주로 식물 플랑크톤을 먹는다.

문: 동물계 혹은 식물계를 크게 나누는 분류 단위 중 하나. 분류학 체계에서 문(門)은 계(界)와 강(綱)의 사이에 위치한다.

빈영양: 플랑크톤이 매우 적은 해양의 중앙 부분처럼 양분이 빈약한 상태를 일컫는다.

생물량: 특정 시간에 특정 지역 안에 있는 살아 있는 물질의 총량 혹은 중량. 생물량 개념은 밀도를 이야기할 때처럼 머릿수를 세지 않고, 양으로 동물 존재의 풍부함을 표현할 수 있게 해준다. 밀도가 유의미한 척도가 되기에는 생명체의 크기가 너무 다양하다는 점에서 이 개념이 유용하게 쓰인다.

생식소: 생식샘.

선캄브리아: 지구 생성(약 45억 년 전)에서 캄브리아기(약 5억 4000만 년 전)까지를 이르는 매우 긴 시질학적 시기로, 지금은 화석 기록으로만 남은 다양

한 생물들이 출현했던 점이 특징이다.

식물 플랑크톤: 식물계에 속하는 플랑크톤 유기체. 이 중 많은 것들이 현미경적 크기의 조류와 규조류(단세포 유기체)이며, 광합성을 하여 해양 먹이사슬에서 첫 단계를 담당한다.

심해: 엄밀하게 말해서 심해는 수심 3,000미터에서 6,000미터 사이에 걸쳐 있는 특정한 구역이다. 좀 더 넓은 의미로 이 용어는 깊은 바다 전체를 지칭하는 데 사용되기도 한다.

용승: 표면의 물이 바닥으로 가라앉아 천천히 심해 분지를 가로질러 이동하면, 심층수가 표층으로 올라오는 용승이 일어난다. 이런 물에는 가라앉은 작은 유기체들의 잔해에서 나온 양분이 함유되어 있다. 따라서 물이 이렇게 표면으로 솟아오르면 양분을 표면으로 가져와 플랑크톤에게 양분을 공급하게 된다. 해양 먹이그물에서 중요한 측면을 차지한다.

유공충: 석회질이나 규질의 껍데기로 싸인 살아 있는 유기체로, 현미경적 크기인 경우가 많다. 유공충은 퇴적층에 풍부하며 심해 기저층의 기원과 진화에

관한 정보를 제공해준다.

유광층: 유광층(투광층)은 호수나 바다에서 태양 광선이 뚫고 들어가는 공간을 말한다. 유광층의 깊이는 물속에 떠있는 입자에 따라 달라진다. 외해에서는 보통 수심 200미터까지 뻗어 있다.

자양분: 식물 생장과 플랑크톤 생산에 없어서는 안 되는 질소나 인과 같은 요소로, 바다의 비료로 불린다.

저서성: 저서생물과 관련된 것으로, 해양 기저층을 뜻한다. 외해역에 사는 표영성 동물상과 대조적으로 해저 바닥에 사는 동물상을 말한다.

조간대: 조수간만으로 인해 물이 들어왔다가 빠져나가기를 반복하는 해안 지대.

표영성: 해저에서 떨어진 외해역에 사는 어류와 동물들과 관련된 것을 말한다. 저서생물과 대조적으로 해수중에 떠다니거나 헤엄치며 사는 생물을 지칭하는 데 쓰인다.

위

Harriotta haeckeli
하익켈리통안어
Smallspine spookfish

크기 | 65 cm

수심 | 1,400~2,600 m

이 통안어의 커다란 두 지느러미를 보면 자연스레 코끼리 귀가 떠오른다. 이 물고기는 아주 천천히 지느러미를 흔들며 바닥 위 겨우 몇 미터의 위치에서 완전히 정지한 채로 있다. 이러한 중층 수역에서의 참선 수행의 의미가 무엇인지는 아직 밝혀지지 않았다. 통안어는 대부분의 시간을 대륙사면 주변에서 보내는데, 그곳에서 길고 유연한 코를 사용하여 진흙 속의 먹이를 찾아낸다.

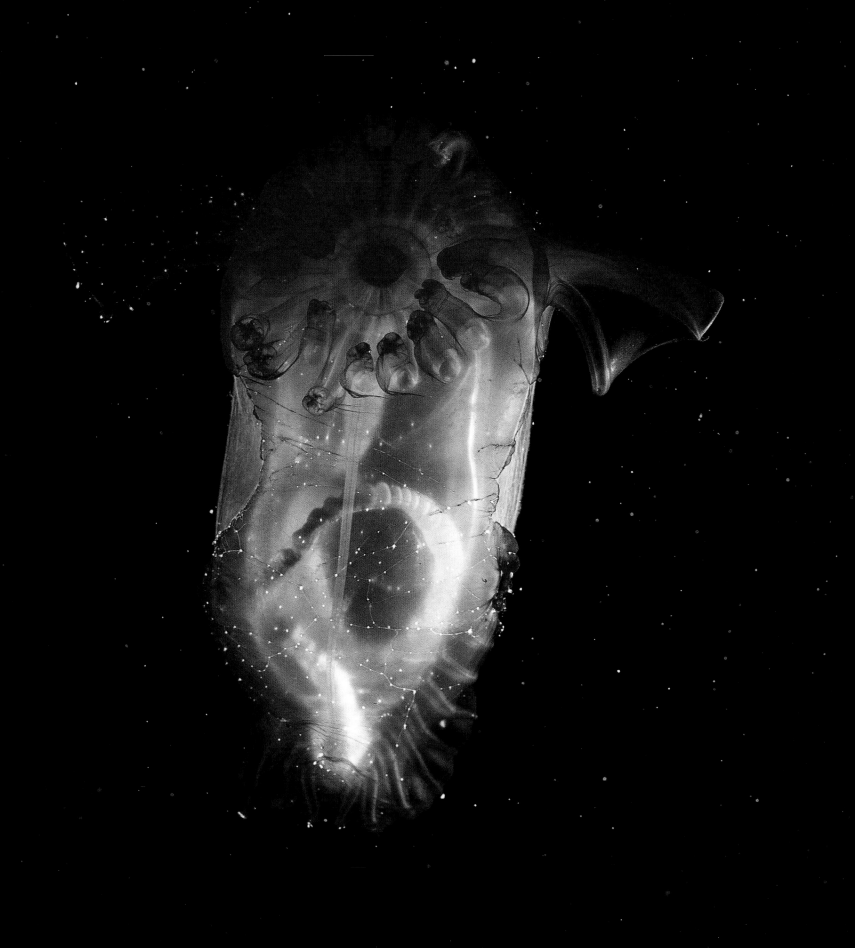

이 책의 설명글을 작성하고, 심해 생명체들의 생활방식을 묘사하는 데 나는 수백 가지 과학 자료의 도움을 받았다. 모든 자료를 하나하나 언급하지는 못했지만, 대신 여기에 함께 나누고 싶은 자료를 소개한다. 심해의 생명에 관해 더 깊은 질문과 답변을 갖고자 하는 이들에게 도움이 되었으면 하는 바람이다. 심해에 빠져든 내내 나는 기쁨과 강렬한 감정을 경험했다. 독자 여러분도 이 자료들을 통해 무언가를 얻게 되기를 간절히 바란다.

영상

Marine Bioluminescence: Secret Lights in the Sea, Harbor Branch Oceanographic Institution, 2000.

Volcanoes of the Deep Sea, de Stephen Low, film Imax, The Stephen Low Company, 2004.

Aliens of the Deep, de James Cameron, film Imax-3D, Walt Disney Pictures & Walden Media.

Life in the Deep, Monterey Bay Aquarium Foundation, 1999.

The Blue Planet, *Open Ocean*, *The Deep*, BBC/Discovery Channel, 2001.

서적

영어 자료

Ballard, Robert D., *The Eternal Darkness, A Personal History of Deep-Sea Exploration*, Princeton University Press, 2000.

Batson, Peter, *Deep New Zealand*, Canterbury University Press, 2003.

Burnett, Nancy, et Matsen, Brad, *The Shape of Life*, Monterey Bay Aquarium Press, 2002.

Desbruyères, Daniel, Ségonzac, Michel, et Bright, Monika, *Handbook of Deep-Sea Hydrothermal Vent Fauna*, Denisia 18, Zugleiche Kataloge der Oberösterreichischen Landesmuseen, 2006.

Herring, Peter, *The Biology of the Deep Ocean*, Oxford University Press, 2002.

Hunt, James C., *Octopus and Squid*, Monterey Bay Aquarium Foundation, 1996.

Hutchinson, Steven, et Hawkins, Lawrence E., Oceans, *A Visual Guide*, Firefly Books, 2005.

Macinnis, Joseph, *Aliens of the Deep*, National Geographic, 2004.

Matsen, Brad, *Descent, the Heroic Discovery of the Abyss*, Pantheon Books, 2005.

Mc Kenzie, Michelle, *Jellyfish Inside Out*, Monterey Bay Aquarium Press, 2003.

Norman, Mark, *Cephalopods, A World Guide*, ConchBooks, 2000.

Piccard, Jacques, et Dietz, Dr. Robert S., *Seven Miles Down, The Story of the Bathyscaph Trieste*, G.P. Putnam's Sons, 1961.

Rice, Tony, *Deep Ocean*, Smithsonian Institution Press, 2000.

Robison, Bruce, et Connor, Judith, *The Deep Sea*, Monterey Bay Aquarium Press, 1999.

Van Dover, Cindy Lee, *Deep Ocean Journeys*, Perseus Publishing, 1996.

Wrobel, David, et Mills, Claudia, *Pacific Coast Pelagic Invertebrates*, Monterey Bay Aquarium Press & Sea Challengers, 1998.

Wu, Norbert, et Mastro, Jim, *Under Antarctic Ice*, University of California Press, 2004

Wyville Thomson, Charles, *The Depths of the Sea, An Account of the General Results of the Dredging Cruises of H.M.SS. "Porcupine" and "Lightning" during the Summers of 1868, 1869, and 1870*, 1re et 2e partie, Elibron Classics, 2003.

프랑스어 자료

Albert Ier, Prince de Monaco, *La Carrière d'un navigateur*, Les Editions de l'Imprimerie nationale de Monaco, 1951 (première édition 1902).

Beebe, William, *En plongée par 900 mètres de fond*, Grasset, 1935.

Byatt, Andrew, Fothergill, Alastair, et Holmes, Martha, *Planète bleue. Au cœur des océans*, Bordas, 2002.

Cazeils, Nelson, *Monstres marins*, Editions Ouest-France, 1998.

Cousteau, Jacques-Yves, et Dumas, Frédéric, *Le Monde du silence*, Editions de Paris, 1976.

Duhamel, Guy, Gasco, Nicolas et Davaine, Patrick, *Poissons des îles Kerguelen et Crozet. Guide régional de l'océan austral*, Publications scientifiques du Muséum national d'histoire naturelle, 2005.

Geistdoerfer, Patrick, *La Vie dans les abysses*, Pour la science, 1995.

Laubier, Lucien, *Des oasis au fond des mers*, Editions du Rocher, 1986.

Laubier, Lucien, *Vingt mille vies sous la mer*, Odile Jacob, 1992.

Monod, Théodore, *Bathyfolages. Plongées profondes*, Editions René Julliard, 1954.

Paccalet, Yves, *Auguste Piccard, professeur de rêve*, Glénat, 1997.

Piccard, Auguste, *Au fond des mers en bathyscaphe*, Arthaud, 1954.

Piccard, Jacques, *Profondeur 11 000 mètres*, Arthaud, 1961.

참고자료

맞은편
Enypniastes eximia
심해에스파냐춤꾼
Deep-sea Spanish dancer

크기 | 최대 35cm
수심 | 500~5,000m

이 심해 동물은 유영성 해삼류 중 하나이다. 이들은 천천히 굽이치며 우아하게 물속을 가로지르는데, 때로는 멀리 해저까지 이동한다. 투명한 조직 덕분에 밖에서도 내장이 들여다보이는데, 주로 삼킨 퇴적물을 걸러 양분 입자를 취하는 소화관으로 이루어져 있다.

253쪽
Grimpoteuthis sp.
큰귀문어류 Dumbo octopus

크기 | 최대 1.5m
수심 | 300~5,000m

지느러미가 달린 이 문어의 행동과 생활사는 아직 확실하게 알려진 바가 없다. 이들은 물속 바닷물에서 꽤 멀리까지 모험을 떠날 수도 있지만, 전 세계 해양의 바닥 가까이에서 자주 발견된다. 가장 큰 표본은 크기가 1.5미터에 달하기도 한다.

나의 심해 여행에 특별한 도움을 준 이들이 몇 분 있다. 그들은 아마도 내 아이디어에 대해 그들 자신이 보여주었던 자발적이고도 우호적인 환영이 이 프로젝트를 실현하는 데 얼마나 중요했는지 깨닫지 못할 수도 있다. 먼저, 이 책에 실을 글을 흔쾌히 써준 모든 연구진에게 깊은 감사의 말을 전한다. 아울러 피터 뱃슨, 뤼시앙 로비에, 캐런 오즈본, 미셸 세공쟈크, 미하엘 클라게스, 안드레이 순초프에게도 감사드린다. 이들의 조언과 토론, 원고 감수는 아주 소중했다. 또 열렬한 지지와 협조를 보여준 앙리 트뤼베르, 마르틴 베르테아, 킴 풀턴-베넷, 스티븐 해덕, 다니엘 르메르시에, 로르 푸르니에, 아넬리스 시

사의 말

뇨레, 조엘 알리우아, 나탈리 모리츠, 기욤 웰캉스, 캐롤 코프먼, 크리스토프 에베르, 클레어 포리스트에게도 감사드린다.

하버브랜치 해양연구소의 마시 영블러스 박사에게 매우 감사드린다. 마시 덕분에 나는 잠수정 존슨시링크를 타고 수심 1,000미터로 내려갈 수 있었다. 이 경험은 지금까지 내 생애에서 가장 경이로운 순간이었다. 마시에게 감사하는 마음은 말로는 표현할 수 없는 그 이상의 것이다.

내 질문과 전화에 시간을 내어주고, 내 프로젝트가 마음에 든다는 단순한 이유만으로 이 여정을 함께 해준 모든 분들에게도 감사드린다. 그들이 선입견이나 편견 없이 대해주어서 너

무나 고마웠고, 또 매우 유익했다. 제임스 차일드리스, 다니엘 데브뤼에르, 제프 드레이즌, 케이시 던, 찰스 피셔, 안드레 프라이발트, 간타로 후지오카, 레 갈라게르, 크리스티나 계르데, 개리 그린, 러스 홉크로프트, 제임스 헌트, 엠마 존스, 킴 주니퍼, 니콜라 킹, 토니 코슬로, 리사 레빈, 알베르토 린드너, 듀걸 린지, 알렉산더 로, 다비드 뤼케, 래리 메이딘, 제롬 말레페, 조지 마츠모토, 마이크 매츠, 이언 맥도널드, 클로디아 밀스, 마크 노먼, 데이비드 포스, 디터 피펜부르크, 케빈 래스코프, 킴 라이젠비흘러, 베르트랑 리셰 드 포르주, 클라이드 로퍼, 브래드 세이벌, 조제프 슈레벨, 마크 슈로프, 데이비드 셸, 롭 셜록, 크레이그 스미스, 얼링 스벤슨, 루돌프 스벤슨, 티나 트루드, 베레나

투니클리프, 신디 반 도버, 마이클 베키온, M. 로버트 브리엔후크, 레스 와틀링, 이디스 위더, 크레이그 영, 리처드 영, 나오코 자마, 그리고 여기서 언급은 못했지만 진정으로 귀중한 도움을 주신 모든 분들께 감사드린다.

나는 이 책을 위해 5천 장이 넘는 사진을 모았지만 결국 200장도 채 안 되는 사진을 골라야만 했다. 그런 선택을 한다는 것은 확실히 너무 힘든 일이었다. 사진의 해상도가 높지 않다거나, 지면이 부족하다는 이유로 훌륭한 사진들을 책에 실을 수 없었다. 전 세계 각처에서 친절하게 자신의 자료를 보내준 분들을 모두 만족시키지 못해 아쉽다. 이 프로젝트에 참여해준 모든 분들에게 진심으로 감사드리며, 이들이 보내준 멋진 사진

이 앞으로의 작업에서 자기 자리를 찾을 수 있게 되기를 바란다.

나는 참 운이 좋은 사람이다. 좋아하는 일을 직업으로 할 수 있었고 가까운 사람들로부터 많은 격려를 받았다. 특히 나의 파트너인 크리스토프는 이 프로젝트 때문에 희생을 감수해야 하는 상황에서 보통 이상의 관대함과 참을성을 보여주었다. 돌이켜보면 건설적인 관심을 통해 적극적으로, 혹은 보이지 않게 나를 지지해주고 친절히 대해주는 선의의 영혼들과 늘 함께였다. 할머니, 어머니와 드니, 아버지와 마리, 마틸드, 클로틸드와 아르노 누비앙, 드니 데프레츠, 그리고 나의 친구들, 특히 캐롤라인 디킨스, 마티아스 쉬보, 페린 오클레어, 셀린 피소르, 쟈멜 아가우아, 사비네 반 블란데렌, 벤자민 배딘터에게 고마움을 전한다.

마지막으로, 나의 사랑스럽고 너무나 멋진 자매 발레리가 있다. 그녀는 정신없이 바쁜 삶 속에서도 항상 내 말을 들어주고, 내 작품을 읽어주고, 나를 웃겨주고 위로해준다. 나에 대한 그녀의 흔들리지 않는 믿음은 내 에너지의 근원이다.

또 화가 친구 클레르 바슬레르에게도 감사의 말을 전하고 싶다. 그녀의 엄청난 재능과 신선함은 이 프로젝트를 추진하는 동안 내게 생기를 불어넣어주곤 했다. 내가 깊은 생각에서 빠져나올 때 나의 시선은 내 책상 앞에 걸린, 숲을 그린 그녀의 훌륭한 유화를 응시한다. 나무와 바다. 완벽한 균형이다.

이 주제에 열정적인 마음과 영혼을 담아 이들 생물의 아름다움에 필적하

는 그래픽 배경을 만들어준 안-마리 부르주아에게 감사드린다.

너무나 아름다운 컴퓨터그래픽 일러스트레이션을 담당하고, 많은 노력을 기울여준 데이비드 뱃슨에게 고마운 마음을 전한다.

오랜 세월이 흘러 이 책의 책장이 바래지고 심해에 쉽게 접근할 수 있게 되어 이 책이 쓸모없어졌을 때 내가 기억하게 될 것은 전 세계 연구자들이 이 프로젝트에 대해 보여준 열린 마음일 것이다. 한치의 의심도 없이, 그들이 없었다면 이 책은 결코 존재할 수 없었으리라. 분명한 것은, 이 책이 무엇보다도 그들이 행한 작업의 결실이라는 점이다. 그들 하나하나가 이 프로젝트가 진정 앞으로 나아갈 수 있다는 믿음을 내게 주었기 때문이다. 나는 그런 위대한 확신의 인간성을 늘 마음속에 간직할 것이다.

이 책을 위해 사진 사용을 허락해준 몬터레이 만 해양연구소(MBARI), 하버브랜치 해양연구소, 미국 해양대기청(NOAA), 일본 해양연구개발기구(JAMSTEC)에 감사를 보낸다.

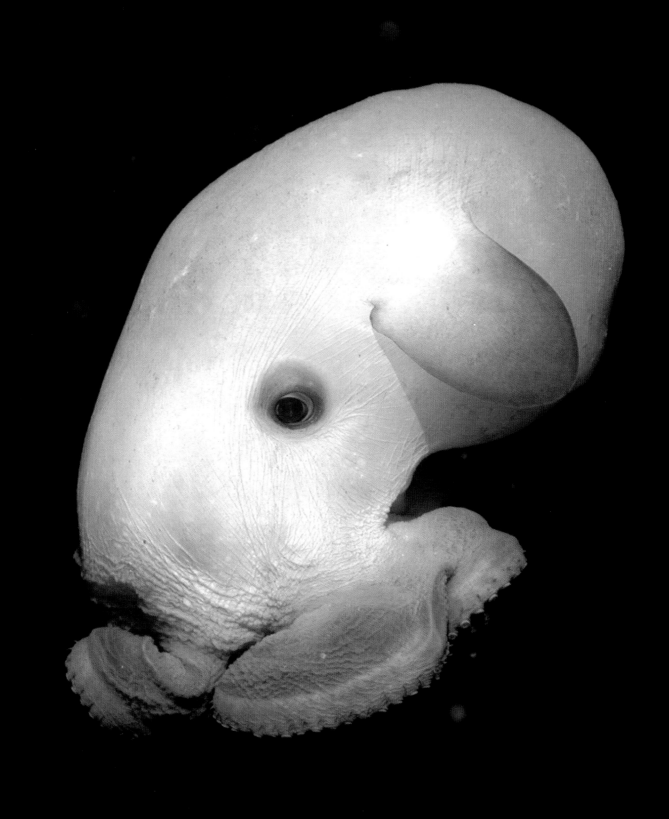

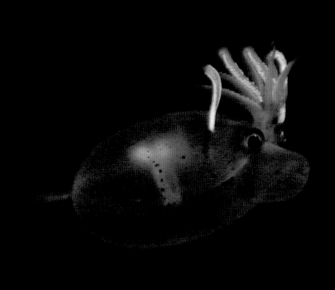

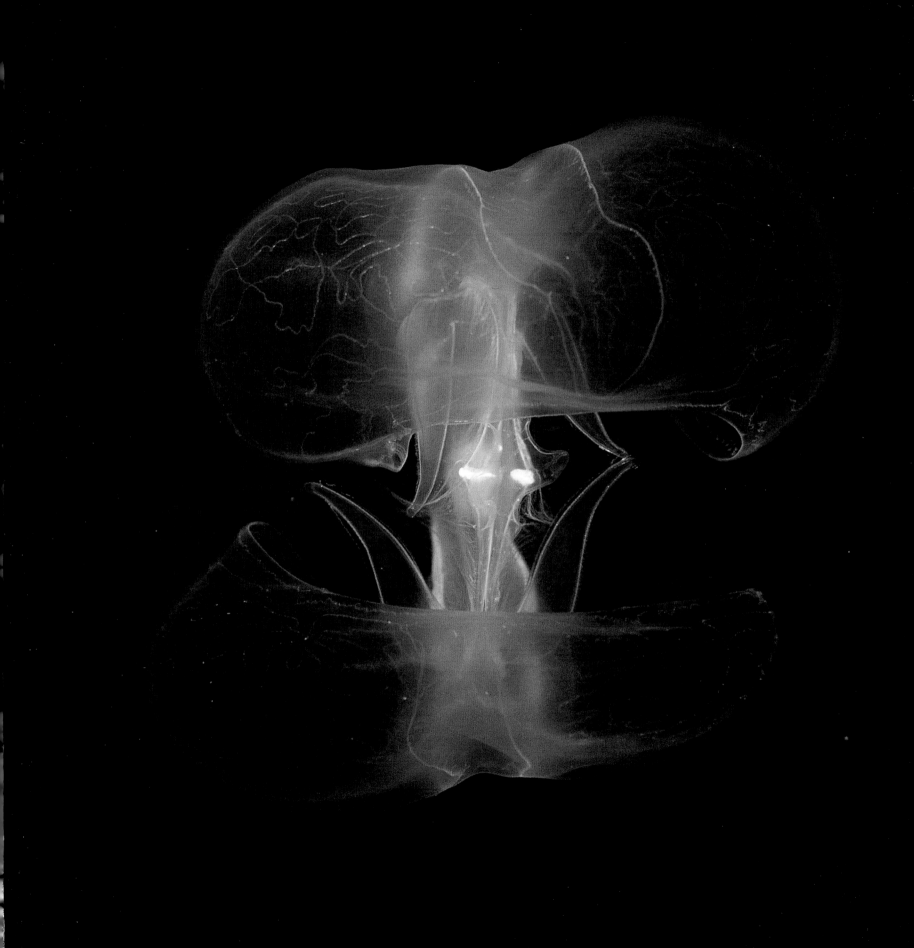

컴퓨터그래픽 이미지
David BATSON
© David Batson, ExploreTheAbyss. com
123, 124-125, 184-185, 214-215

사진
Peter BATSON
© Peter Batson, ExploreTheAbyss. com
21 (왼쪽에서 두 번째), 21 (왼쪽에서 세 번째),
54-55, 119, 223 (가운데 왼쪽), 242-243, 244,
245

Derk BERGQUIST
Derk Bergquist © Penn State University
227, 231 (맨 아래 오른쪽)

Jeffrey DRAZEN
© 2005 Jeffrey Drazen
38

Charles FISHER
Charles Fisher © Penn State University
222 (맨 위), 223 (맨 위 왼쪽), 223 (가운데 오른쪽),
230 (맨 위), 230 (가운데), 231 (맨 위 왼쪽), 231
(맨 위 오른쪽)

Per FLOOD
Per R. Flood © Bathybiologica A/S
75 (가운데), 113, 116, 139

Jan Helge FOSSAA
© Jan Helge Fossaa, IMR
22 (아래)

Steven HADDOCK
Steven Haddock © 2006 MBARI
110-111, 155
Steven Haddock © 2005 MBARI
4, 5, 21 (왼쪽에서 네 번째)
Steven Haddock © 2004 MBARI
36-37, 60, 61
Steven Haddock © 2003 MBARI
30-31, 75 (맨 위), 88, 117 (왼쪽), 247
Steven Haddock © 2002 MBARI
108-109
© Steven Haddock 2001
67, 107
© Steven Haddock 2000
44
© Steven Haddock 1998
80-81

Harbor Branch Oceanographic Institution
© 2006 Harbor Branch Oceanographic
Institution
24 (왼쪽에서 네 번째)

Russ HOPCROFT
© Russ Hopcroft/UAF
27

Hawaii Undersea Research Laboratory
Courtesy of the Hawaii Undersea Research
Lab. Submersible pilots: Terry Kerby and
Colin Wollerman. Principal investigators:
Hubert Staudigel
& Craig Young
208-209

IFREMER
© Ifremer
24 (위에서 세 번째)
© Ifremer/Campagne Biozaïre 2, 2001
165 (가운데 오른쪽)
© Ifremer/Campagne Phare 2002
220
© Ifremer/A. Fifis
221
© Ifremer/Campagne Hope 1999
222 (가운데)

© Ifremer/Campagne Atos 2001
223 (맨 위 오른쪽)
© Ifremer/Campagne Exomar 2005
223 (맨 아래 오른쪽)
Image Quest 3D
© Peter Herring/imagequestmarine. com
21 (왼쪽에서 첫 번째)
© Peter Herring/imagequestmarine. com
101
© Roger Steene/imagequestmarine. com
156-157

JAMSTEC
Kaiko © JAMSTEC
24 (위에서 다섯 번째)
© Dhugal John Lindsay, Ph.D. (JAMSTEC)
74

Miriam Kastner
© Miriam Kastner
233 (아래)

Lisa LEVIN
© Lisa A. Levin
152

The Stephen Low Company
© The Stephen Low Company
25, 210, 216-217, 218-219

Lawrence MADIN
© L.P. Madin, WHOI
159, 250

Marine Themes
© marinethemes. com/Kelvin Aitken
8-9, 190, 191, 192-193

George MATSUMOTO
G.I. Matsumoto © 1988 MBARI
28-29
G.I. Matsumoto © 2003 MBARI
32-33, 42-43
G.I. Matsumoto © 2002 MBARI
114
© G.I. Matsumoto 1985
170, 255

Mikhaïl MATZ
© Mikhaïl Matz
75 (맨 아래)

Monterey Bay Aquarium Research Institute
(MBARI)
© 1999 MBARI
207
© 2000 MBARI
24 (위에서 여섯 번째), 201 (가운데 오른쪽)
© 2002 MBARI
126, 196, 200 (맨 아래), 201 (맨 위 오른쪽),
203
© 2003 MBARI
26, 70, 187, 201 (가운데 오른쪽), 201 (맨 아래
왼쪽), 231 (가운데 왼쪽), 253, 254
© 2005 MBARI
13, 164 (맨 위)
© 2002 MBARI/NOAA
23, 200 (맨 위), 201 (맨 위 왼쪽)

Ian McDONALD
© Ian McDonald
165 (가운데 왼쪽), 165 (맨 위 오른쪽), 228 (위),
228 (아래), 230 (맨 아래), 231 (맨 아래 왼쪽),
231 (가운데 오른쪽), 233 (위)

Claudia MILLS
© Claudia Mills
188-189

National Geographic
© William Beebe/National Geographic
Image Collection
24 (맨 위)
© Bill Curtsinger/National Geographic
Image Collection
169

Natural Visions
© Peter David/Natural Visions
132, 138 (가운데)

NOAA (National Oceanic & Atmospheric
Administration)
Image courtesy of the Hidden Ocean Science

Team, CoML & NOAA
18
Karen OSBORN
K.J. Osborn © 2005 MBARI
59
K.J. Osborn © 2004 MBARI
91

Courtney PLATT
© Courtney Platt
150-151

Kevin RASKOFF
© Kevin Raskoff
66, 69, 90, 117 (오른쪽), 134, 135, 166, 172,
177 (위), 177 (아래)

Kim REISENBICHLER
Kim Reisenbichler © 1996 MBARI
129

Research Center for Ocean Margins
© Research Center for Ocean Margins
224

David SHALE
© David Shale
48, 52-53, 73, 92-93, 120, 136-137, 248
© David Shale/Claire Nouvian
couverture, 14-15, 46-47, 58, 64-65, 83, 94,
95, 96-97, 191

Rob SHERLOCK
Rob Sherlock © 1998 MBARI
19

Craig SMITH
© Craig R. Smith
234, 235, 237

Verena TUNNICLIFFE
© Verena Tunnicliffe & Kim Juniper
41
© NOAA Ocean Exploration & Verena
Tunnicliffe
165 (맨 아래 오른쪽), 171 (맨 아래), 213, 222 (맨
아래), 223 (맨 아래 왼쪽)

University of Aberdeen
© Oceanlab, University of Aberdeen
238 (맨 위), 238 (가운데), 238 (맨 아래), 239

UW PHOTO
© Nils Aukan/uwphoto. no
146-147
© Bjørn Gulliksen/uwphoto. no
16-17, 174-175, 179
© Erling Svensen/uwphoto. no
144-145, 173, 176, 199, 204-205
© Rudolf Svensen/uwphoto. no
206

Wim Van EGMOND
© Wim Van Egmond
106, 130-131

Les WATLING
© Les Watling for the Mountains in the Sea
Research Team, IFE, URI-IAO, and NOAA
22 (위), 164 (가운데), 164 (맨 아래), 165 (맨 위
왼쪽), 165 (맨 아래 왼쪽), 171 (맨 위), 171
(가운데), 200 (가운데), 201 (맨 아래 오른쪽)

Edith WIDDER
© Edith Widder
21 (맨 오른쪽), 51, 87, 102, 105, 138 (맨 위),
138 (맨 아래), 140-141

David WROBEL
© David Wrobel
10, 20, 34-35, 56-57, 76-77, 78, 79, 98-99,
112, 158, 160-161, 180, 183, 194-195

Craig YOUNG
© Craig M. Young
142-143, 148, 162, 163

Marsh YOUNGBLUTH
© Marsh Youngbluth, Harbor Branch
Oceanographic Institution
62-63, 84, 149, 186

퍼블릭 도메인 (origine U.S. Naval Historical
Center Online Library)
24 (위에서 두 번째)

사진출처

ABYSSES by Claire Nouvian

Copyright © Librairie Arthème Fayard, Paris, 2006
Korean Translation Copyright © KUNGREE Publishing Co., 2010 All rights reserved.
This Korean edition was published by arrangement with Librairie Arthème Fayard (Paris) through Bestun Korea Agency Co., Seoul

이 책의 한국어판 저작권은 베스툰 코리아 에이전시를 통해 저작권자와의 독점계약으로 궁리출판에 있습니다.
저작권법에 의해 한국 내에서 보호를 받는 저작물이므로 무단전재와 무단복제를 금합니다.

심해
1판 1쇄 펴냄 2010년 1월 15일 | 2판 1쇄 펴냄 2022년 10월 5일 | 2판 2쇄 펴냄 2024년 1월 5일
지은이 클레르 누비앙 | **옮긴이** 김옥진 | **주간** 김현숙 | **편집** 김주희, 이나연 | **디자인** 이현정, 전미혜 | **영업** 백국현(제작), 문윤기 | **관리** 오유나
펴낸곳 궁리출판 | **펴낸이** 이갑수 | **등록** 1999. 3. 29. 제300-2004-162호 | **주소** 10881 경기도 파주시 회동길 325-12
전화 031-955-9818~3 | **팩스** 031-955-9848 | **E-mail** kungree@kungree.com | **홈페이지** www.kungree.com
© 궁리, 2010. Printed in Seoul, Korea. | ISBN 978-89-5820-779-5   03470

표지
Stauroteuthis syrtensis
발광빨판문어 Glowing sucker octopus

크기 | 최대 50cm
수심 | 최대 2,500m

14, 52, 82, 94~95쪽 참조

4~5쪽
미확인 종

크기 | 3~25cm
수심 | 1,200~1,800m

생물학자들은 우주에 떠돌아다니는 두 대
의 UFO를 닮은 이 섬세한 빗해파리들이 무
슨 종인지 아직까지 확인하지 못했고, 이름
도 지어주지 못했다. 심해의 젤라틴질 동물
들은 외해의 유광층에 살고 있는 같은 종
들에 비해 종종 크기가 더 크다. 차고 어두
운 심해는 거센 수면의 파도에 쫓겨난 동
물들에게는 평온한 은신처가 된다.

8~9쪽
Chlamydoselachus anguineus
주름상어 Frilled shark

크기 | 2m
수심 | 1,600m

살아 있는 가장 원시적인 상어 중 하나인 이
동물은 화석으로만 알려져 있는 과에서 유
일하게 지금까지 살아 있는 생물이다. 300
개의 인상적인 세 갈래 이빨은 딱딱한 껍질
의 먹이를 먹는 데 쓰이지 않고 부드러운 생
물, 주로 오징어를 먹는 데 사용된다.

앞장 양면 왼쪽
Helicocranchia sp.
아기돼지오징어 Piglet squid

크기 | 최대 10cm
수심 | 400~1,000m

둥근 몸과 작은 꼬리지느러미를 가진 이
연약한 오징어는 빠른 속도에 적합한 동물
은 확실히 아닌 듯 보인다. 이 동물의 유생
은 먹이가 풍부한 표층에서 생장하여 성숙
해지면서 본능적으로 심해로 이동하기 시
작하는데, 심해에서 성체로서 살아간다. 일
단 성체가 되면 심해에 머물며 좀 더 따뜻
한 유광층의 바다로 이동하지는 않는다.

앞장 양면 오른쪽
Bolinopsis sp.
빗해파리류

크기 | 20cm
수심 | 알려지지 않음

남극에서 발견된 이 완전히 투명한 빗해파
리는 두 개의 엽을 이빨 없는 턱처럼 벌린
상태에서 수직 자세로 헤엄친다. 아직 신종
으로 등록되지는 않았다.